ゲノム編集とはなにか

「DNAのハサミ」クリスパーで生命科学はどう変わるのか

山本　卓　著

ブルーバックス

●カバー装幀／芦澤泰偉・児崎雅淑
●図版／千田和幸
●目次・本文・章扉デザイン／長橋誓子

はじめに

ゲノム編集は、生物のもつ全ての遺伝情報であるゲノムを正確に書き換える技術である。この技術は、ヒトを含む全ての生物で使うことができることから、研究の世界だけでなく、産業界、さらには医療の世界を大きく変えようとしている。しかし一方で、ゲノム編集がどんな技術であるのか、遺伝子組換えとの違いはどこにあるのか、安全性はどのように考えられているかなど、一般への理解が進んでいないのが現状である。ライフサイエンスの研究者でも技術を十分に理解できているかどうか疑問に感じることもしばしばである。このように予想以上に理解が進んでいない原因は、ゲノム編集技術の開発スピードが非常に速く次々に新しい技術が生まれていることや、技術が広範な分野におよぶため様々な分野で技術の捉え方が異なることなどが考えられる。また、研究者であれば特殊な技術を必要とせず誰でも使えること（特に大学などの基礎研究であれば）や一般の方の身近な問題につながることなども、既存のバイオテクノロジーとは性質が大きく異なる点である。

研究者の世界だけでなく一般社会においても、これだけ影響力のあるバイオテクノロジーはこれまで例がなく、予想外の技術への対応が追いついていないのが現状である。まさに、ＳＦ映画で見ていた世界が、ゲノム編集で現実となる可能性もでてきた。

ゲノム編集は、対象生物のゲノム情報をもとにＤＮＡを切るハサミとなる分子を設計・作製することに始まる。正確なハサミを作るために必要なゲノム情報は、次世代シークエンサーの開発によって高速化し、今では安価に短時間で解析することが可能となった。これまでの遺伝子改変技術は、細胞内にランダムに起こるＤＮＡの切断を利用した方法や効率の低い遺伝子組換えを利用した方法であったが、ゲノム編集は、対象とする生物のゲノム情報をもとに簡便かつ正確に改変できる技術なのである。今までにこんな技術があったであろうか？　筆者自身はゲノム生物学の研究者であるとともに動物の発生を研究してきたので、この技術が使えるようになった基礎生物学や応用分野へのインパクトの大きさを日々実感している。地球上は、ユニークな性質をもった魅力的な生物に溢れているが、それらの性質を明らかにできるのである。例えば、昆虫の擬態にはどのような遺伝子が関係しているのか、クマムシはなぜ放射線を浴びても生きることができるのか、イモリの脚はなぜ完全に再生できるのかなど、多くの現象について詳しい機構は明らかにされていない。これら生物のもつ性質は全てゲノム情報に遺伝子として保存されており、ゲノム編集でそれらの能力の根源を調べることが可能になることは、研究者としては期待に胸を躍らせる状況にある。

ゲノム編集の可能性は、応用分野ではアイディア次第で無限大と言っても過言ではない。これまで長い時間をかけて作られてきた有用な品種が、ゲノム編集によっていとも簡単にしかも短期間に作ることができる時代もそう遠くない。地球環境の変化を考えると、ゲノム編集は食糧問題を解決する重要な技術にもなるであろう。バイオ燃料をゲノム編集技術によって効率的に生み出す微生物などの開発も進みつつある。健康問題に関しても、ゲノム編集は創薬や疾患治療に有効であることが証明されている。がんを治療する技術、感染症を治療する技術、ウイルスを簡便に検出する技術など、次々と新しい技術が開発されている。一方で、ゲノム編集での治療について安全性を確保する技術開発が必要であり、ヒト受精卵を使ったゲノム編集の臨床研究は時期尚早である。

本書では、ゲノム編集とはどんな技術なのか、既存の遺伝子組換え技術とはどんな違いがあるのかを、まず紐解いていく。本書を読めば、２０１２年に開発されたクリスパー・キャス９が、なぜノーベル賞を取る技術と考えられているのかが理解できるだろう。さらに、応用分野でどのようなことが可能であるのか、あるいは既に技術が開発されているのか、具体例をあげながら解説していく。特に、医学の分野でのこの技術の可能性は期待が大きい。さらにこの技術で大きな可能性がクローズアップされるトピックを紹介するとともに、安全性の問題や倫理問題などこの技術の諸問題をとりあげ、現在の「ゲノム編集の世界」を眺望していきたい。

筆者

「ゲノム編集とはなにか」目次

第8章 ゲノム編集が拓く新しい生命科学 181

第9章 ゲノム編集は本当に安全と言えるのか? 205

第1章

生物の設計図はどこにあるのか?

1-1 遺伝情報とDNA

生物は多種多様な細胞によって構成され、ヒトのおとなのからだには約37兆個の細胞が含まれる。全ての細胞は、精子と卵が受精してできる1つの細胞（受精卵）から、細胞分裂によって生み出され、発生の過程で250種類以上の異なる細胞タイプが作られる（図1-1）。例えば、皮膚の細胞、神経の細胞、筋肉の細胞、血球など形も大きさも異なる全ての細胞が受精卵から作り出されるのである。生物の発生過程で、さまざまな細胞が生み出される過程は細胞分化とよばれるが、これは、基本的に全ての細胞のもつ遺伝情報に従って正確に進められる。それでは遺伝情報は、細胞のどこに保存されているのであろうか？　遺伝情報は、核酸であるDNA中に書き込まれており、DNAは細胞内の小器官の1つである核に収納されている。一方、細菌のような原核生物では核のような構造はなく、DNAは細胞の中でむき出しになった状態で存在する。

細胞内のDNAは、通常2本の鎖がより合わさった二重らせん構造をとっている（図1-2）。それぞれの鎖は、ヌクレオチドとよばれるブロックを単位として結合する連結体（ポリヌクレオチド）である。ヌクレオチドは、糖（デオキシリボース）、リン酸と塩基からなり、塩基にはアデニン（A）、グアニン（G）、シトシン（C）、チミン（T）の4種類がある。

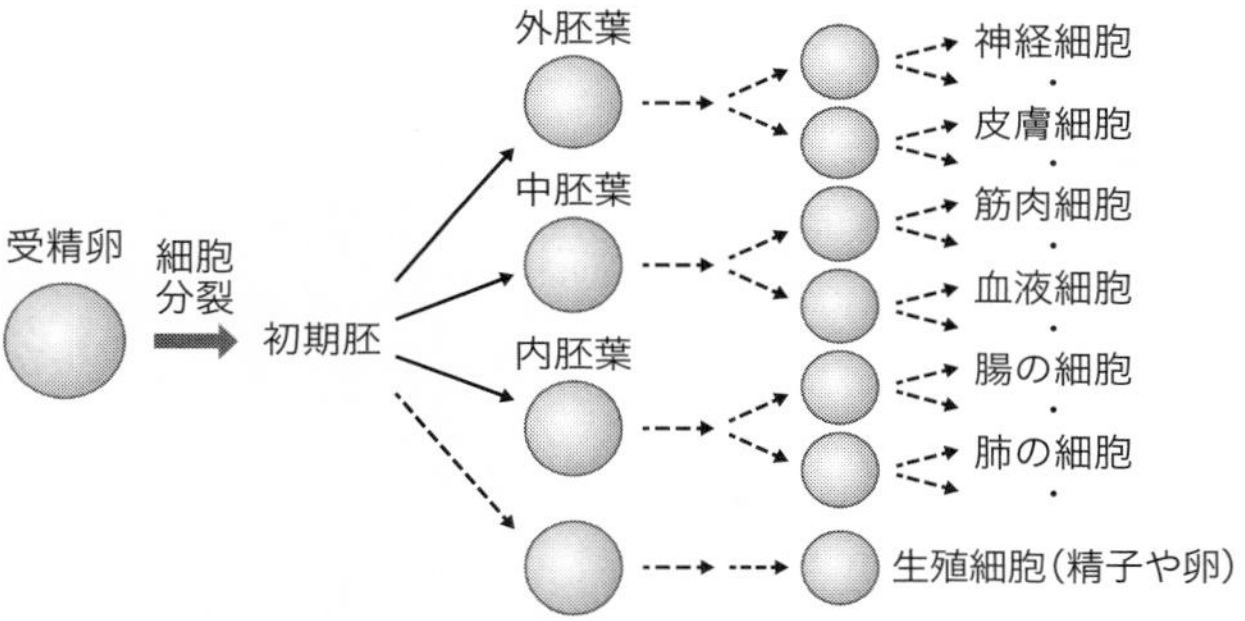

図1-1　細胞の分化

受精卵は細胞分裂によって細胞数を増やしていくが、細胞は３つの細胞集団に分かれていく。精子や卵になる細胞は、生殖細胞として分化するが生物種によって時期は異なる。

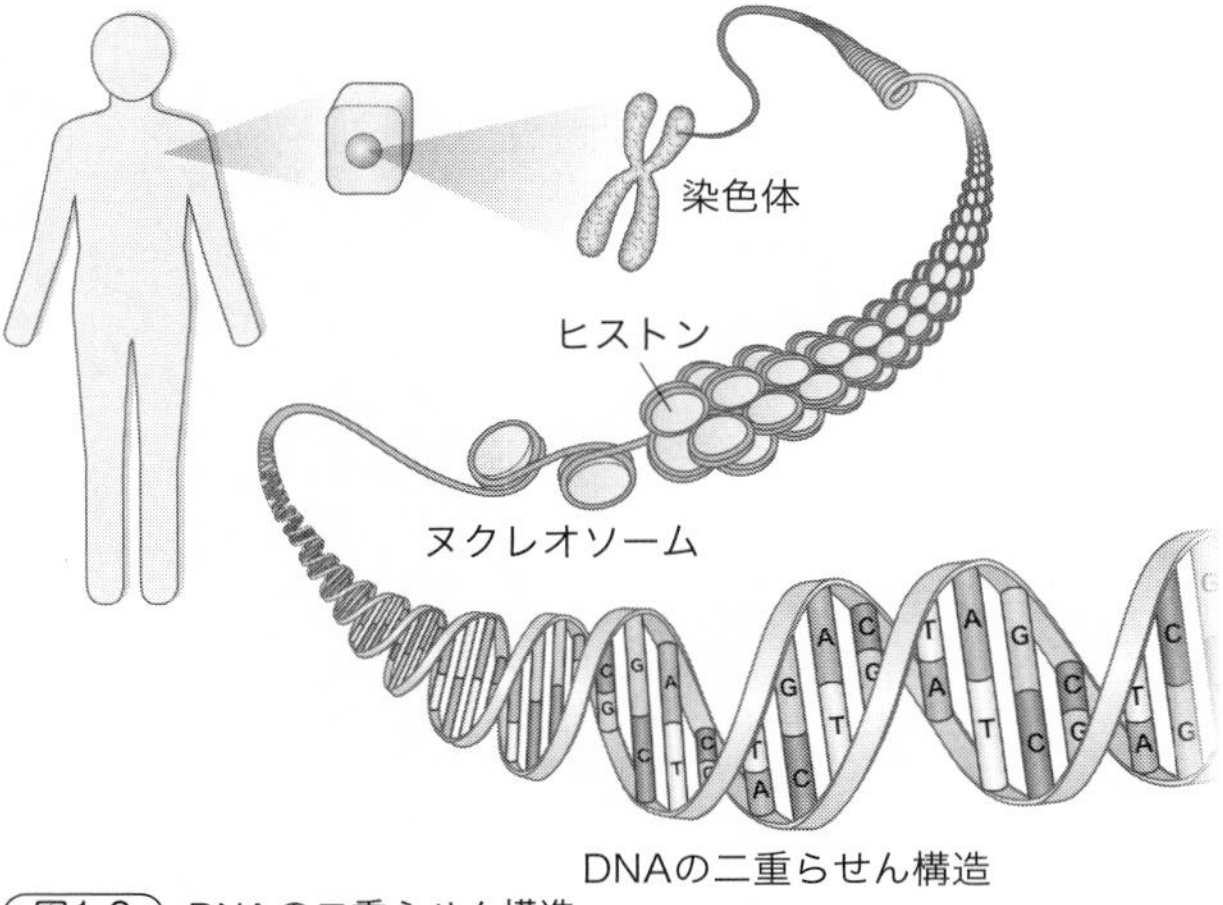

図1-2　DNAの二重らせん構造

からだを構成する細胞は、核とよばれる構造をもち、核の中に遺伝情報を担うDNAが収納されている。DNAはヒストンとよばれるタンパク質と結合したヌクレオソーム構造をとり、必要に応じて凝縮したり緩んだりする。DNAは二重らせん構造で、４種類の塩基によって結合している。

ヌクレオチドのリン酸は、リン酸エステル結合によってヌクレオチド間を連結し、一本鎖DNA（ポリヌクレオチド）となる。二本鎖のDNAでは、水に溶けやすい糖とリン酸を外側にして、水に溶けにくい塩基が水素結合によって内側で結合する。DNAは、まさに塩基対をステップとした美しいらせん階段のようである。

塩基の結合には規則性があり、AはTと、GはCとペアで結合する。この規則性は〝相補性〟とよばれ、この相補性によってDNAの正確な複製や修復を可能としている。例えば複製では、もとになる二本鎖DNAが解離して一本鎖状態となり、それぞれ一本鎖が鋳型となり同じ二本鎖DNAが相補性を利用して作られる。また修復では、塩基Aが傷ついても相補的に結合していたTが残っていれば、Tに対してAのヌクレオチドを挿入し、元通りに直すことができる。

DNAは遺伝情報を担う化学物質であるが、それではどのような方法でDNAは遺伝情報として利用されているのだろうか？　DNAの情報は4種類の塩基が情報となっており、この並び順（塩基配列）が情報となっている。コンピュータが0と1の情報、音楽では音符が情報となるように、生命では4種類の塩基からなる配列が情報となっている（図1－3）。生物の形は、連続的でしなやかである一方で、本質的にはデジタル情報で形づくられているのである。地球上の全ての生物がDNAを遺伝情報として利用しているのに、これだけ多様な形や性質を進化させてきたことは驚くべきことである。

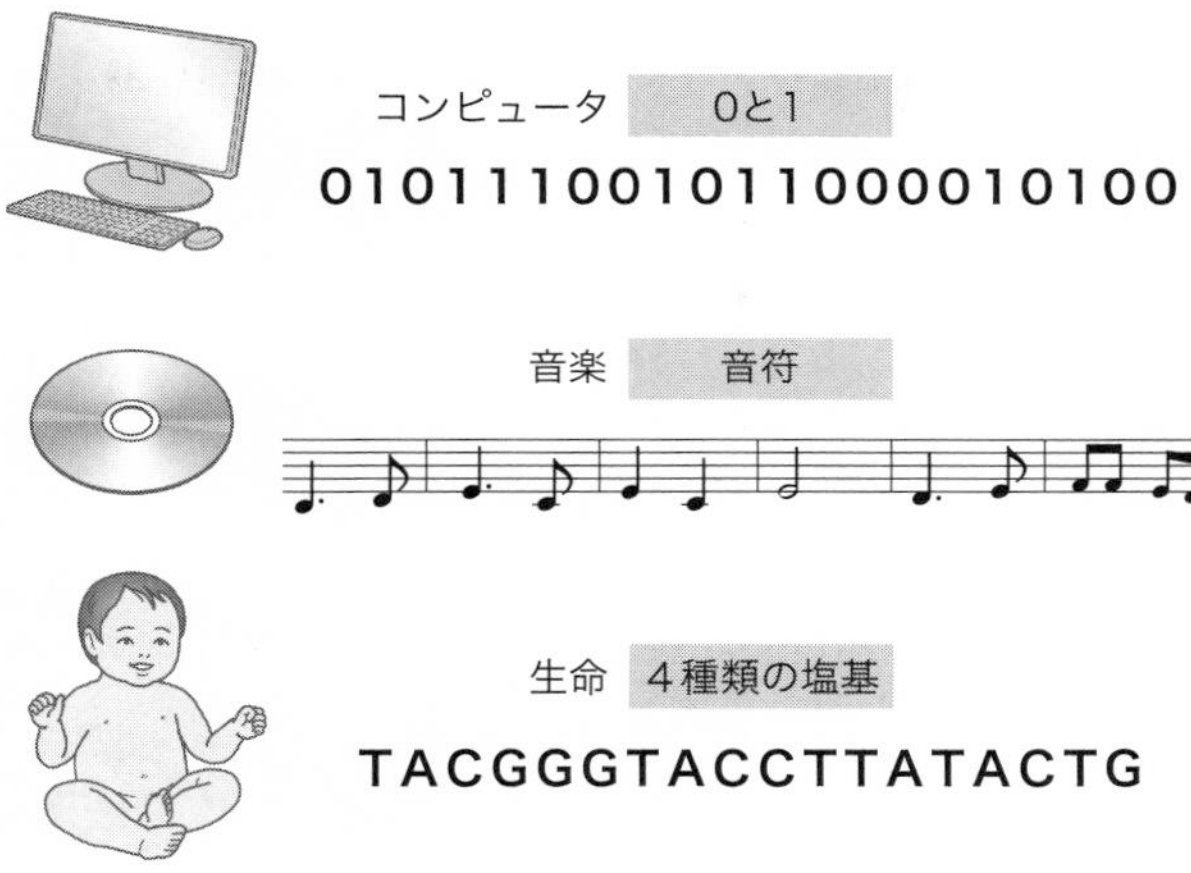

図1-3　様々なデジタル情報

多様な生物が進化してきたメカニズムはいまだに不明な点が多いが、ゲノム編集によって人工的に進化させることが可能になってきたことから、進化のメカニズムが明らかにされる日も間近かもしれない。特に、筆者は生物の形がどのように進化してきたのかに興味をもっており、この技術を利用することによって多くの動物の形態の進化が解明できる可能性もある。筆者は長年ウニの発生研究を行っているが、ウニを含む棘皮《きょくひ》動物は五放射相称の特殊な体制を獲得しており、ゲノム編集によってその進化について明らかにしたいと考えている。また、動物がからだの色や形を周囲に似せる擬態は、多くの研究者を魅了する現象であるが、このような能力も進化過程で遺伝情報に書き込まれてきたと考えられる。擬態はどのようにして起こるのか、またどのように獲得されたのか、ゲノム編集とそれに関連する技術は、生命現象の難問を解決する強力な手段となるであろう。

1-2 遺伝情報をもとにタンパク質が作られる

ＤＮＡに保存されている遺伝情報は、遺伝子として主にタンパク質を作るために使われる。タンパク質のアミノ酸配列の情報をもつ部分はコード領域とよばれ、３つの塩基配列（コドン）が１つの暗号となって１つのアミノ酸の情報となっている（図1-4）。

この規則は全ての生物で使われていることから、進化の過程で保存されてきたものと見られる。この暗号に従って20種類のアミノ酸を順番に結合してタンパク質分子の形が作られる。20種類のアミノ酸は、さまざまな性質（酸性アミノ酸や塩基性アミノ酸など）をもっているので、その連結によってできるタンパク質の構造は非常に複雑である。長い場合は、数万個のアミノ酸がつながってできるタンパク質も存在する。

タンパク質は、細胞を作る材料であるだけでなく、生物の活動に必要な全ての機能を担っている。タンパク質には、細胞膜上で働く受容体や病原菌からからだを守る抗体、不要になった物質

図1-4　遺伝子の塩基配列はアミノ酸配列の情報となる
３つの塩基配列（コドン）が１つのアミノ酸の情報となる。一般に、二本鎖DNAの一方の鎖が情報として使われる。

を分解する酵素、ＤＮＡの複製酵素などさまざまな機能があり、それらの機能を担うような適切な構造を有している。

アミノ酸配列から予想される三次元構造の可能性は膨大であり、現在でもアミノ酸配列のみからの完全な構造予測は困難である。そのため、目的のタンパク質を単離・精製し、その結晶のＸ線回折データから構造を明らかにする実験的な解析が行われている。これらの構造はデータベース化され、類似のアミノ酸配列をもつタンパク質の構造予測に利用されている。

しかし、結晶化できないタンパク質が多いため、巨大なタンパク質の構造は未解明なものも多く、いまだに研究者を苦労させている。最近では、クライオ電子顕微鏡とよばれる顕微鏡が開発され、大きなタンパク質の構造解析が可能となってきた。この解析法には結晶化が必要なく、精製したタンパク質をそのまま凍結して観察できること、生体の条件により近い構造の解析が可能であることから、今後のタンパク質の構造解析にはクライオ電子顕微鏡での解析が必須になることは疑いがない。

真核生物では、１つのタンパク質をコードする遺伝子は複数に分断さ

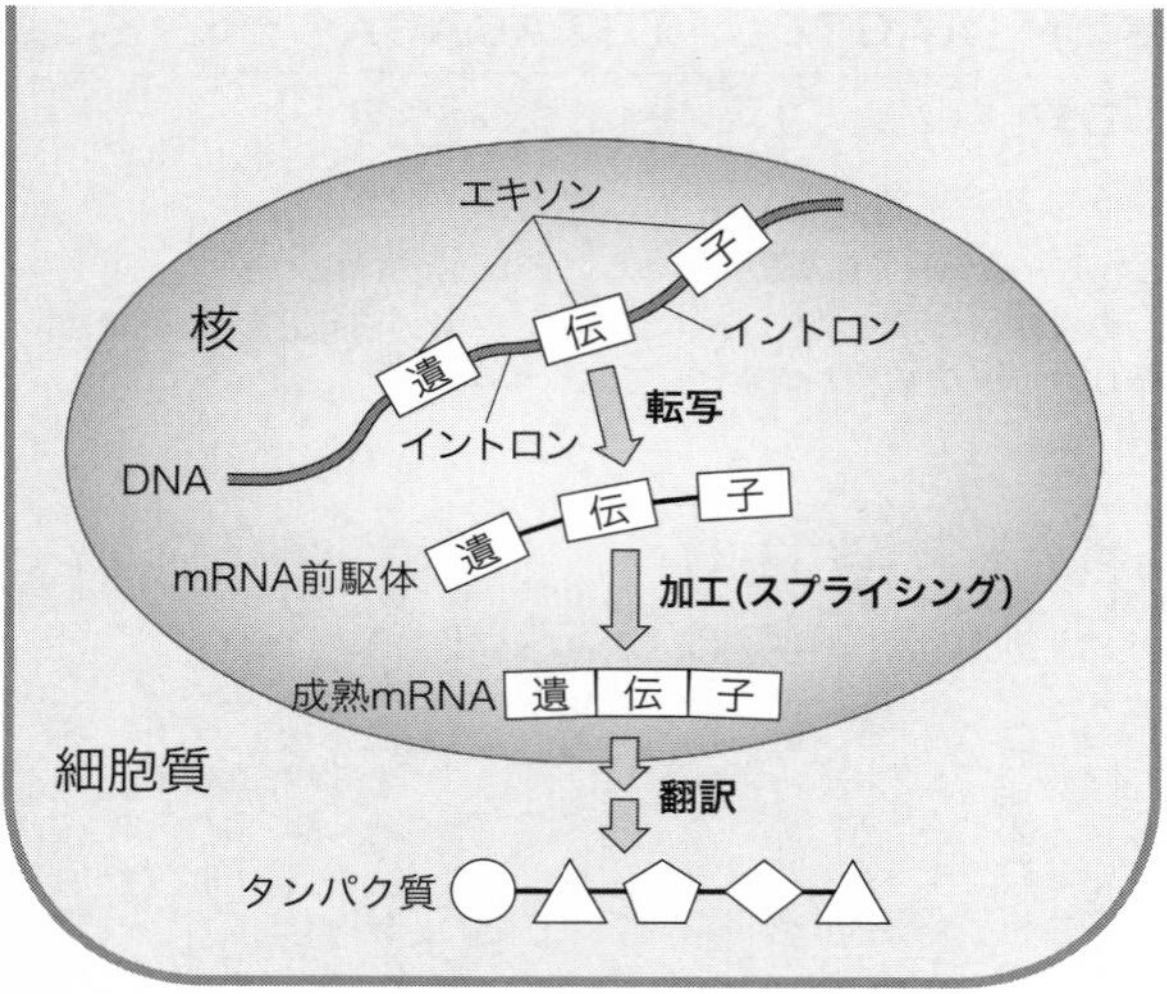

図1-5　遺伝子の構造とセントラルドグマ

遺伝子の情報は、DNA中に分断されて保存されている。情報となる部分をエキソン、エキソンに挟まれた部分はイントロンとよばれる。遺伝子から転写されるmRNA前駆体では、エキソンとイントロンの情報がともに含まれるが、加工過程でイントロン部分の情報は取り除かれる。加工された成熟mRNAは細胞質へ輸送され、タンパク質に翻訳される。

れている。分断されて存在する部分はエキソンとよばれ、エキソンとエキソンの間の部分にはイントロンが存在する（図1-5）。核内では、必要な時期にエキソンとイントロンを合わせた部分が転写されたメッセンジャーRNA（mRNA）前駆体が作られる。RNAはDNAと同じ核酸で、4種類の塩基をもち、DNAの塩基配列を正確に写しとる。この転写には、DNAをもとにしてRNAを合成するRNAポリメラーゼとよばれる酵素が働くが、どこから転写されるのかを決める転写の開始点が、それぞれの遺伝子によって決まっている。RNAポリメラーゼはプロモーターとよばれる転写開始点の近くに結合して、転写を開始する。

核内で転写されたmRNA前駆体は、スプライシングとよばれる加工過程を経て、イントロンから転写された部分が除去され、成熟mRNAとなる。この成熟mRNAは核から細胞質へ輸送され、細胞質のリボソーム上でタンパク質に翻訳される。このようにDNAからmRNA、さらにタンパク質への生命の情報の流れはセントラルドグマ（中心教義）とよばれている。

1-3 ゲノムとは

生物を構成する細胞中には、基本的に生物を作り出すために必要な全ての遺伝子の情報が含まれている。遺伝子としてのタンパク質の情報をコードする塩基配列部分（コード領域）と、遺伝子以外の塩基配列部分（非コード領域）を合わせた塩基配列情報の全体（あるいは総体）をゲノム（genome）とよんでいる。ゲノムという用語は「遺伝子（gene）」と「染色体（chromosome）」から作られた造語である。大腸菌の全遺伝情報は大腸菌ゲノム、イネであればイネゲノム、ヒトであればヒトゲノムとそれぞれの生物ごとにゲノムの情報は異なる。

ヒトでは、からだを作るタンパク質の情報をコードする領域は、全体の1・5％と占める割合は非常に低く、その他のユニークな配列は40％程度である。ユニークな配列中には、遺伝子の転写調節領域やイントロン、短いRNAとして機能するマイクロRNA遺伝子や既に遺伝子としては機能を失い遺伝子の化石となってしまっている偽遺伝子などがある。

ヒトゲノムの残りの配列は、単純反復配列や転移因子（トランスポゾン）、ウイルスに由来する配列が多くを占めている（約58％）。これらの配列は、DNA複製や減数分裂の組換えにおけるエラーの原因となり、その結果として繰り返し配列が増幅してきたと考えられている。減数分裂では本来、父方由来の染色体と母方由来の染色体が同じ領域で結合（対合）するが、繰り返し配列があると異なる領域で結合しやすくなるので、遺伝子の倍加や重複が起こった可能性が高い。これにより、生物は複数の遺伝子をもつことが可能となり、遺伝子の機能が多様化してきたと考えられている。例えば重複した遺伝子の片方はもとの機能を維持するが、もう一方の遺伝子が別の機能を獲得する可能性が広がったのである。

生物種	ゲノムサイズ（塩基対）
大腸菌	4.6Mb（460万）
ショウジョウバエ	169Mb（1.7億）
ウニ	800Mb（8億）
マウス	2.7Gb（27億）
ヒト	3.1Gb（31億）
コムギ	17Gb（170億）

Mb:メガベースペア
Gb:ギガベースペア

図1-6　さまざまな生物のゲノムサイズ
生物のゲノムサイズは、微生物の種類や動植物の種類によって大きく異なる。

1-4 生物のゲノムの特徴

一般に、単細胞の微生物のゲノムサイズは小さく、多細胞生物のゲノムサイズは大きい。しかし、進化が進んだ生物ほど、ゲノムサイズが必ずしも大きいわけではなく、倍数化（染色体の倍加）などが見られる植物においてゲノムサイズは非常に大きい。ヒトゲノムは約31億塩基対であるが、魚類や両生類は、より大きなサイズのゲノムをもつ種も存在する。コムギでは約１７０億塩基対というさらに大きなゲノムサイズである。これらの理由は、進化の過程で染色体レベルの倍加や繰り返し配列の重複が、それぞれの生物において起こったからと考えられている。最近の研究で、筆者が長年研究してきたウニ（バフンウニ）のゲノムサイズは、約８億塩基対であり、遺伝子の数はヒトの遺伝子数（約２万個）より多い約2万5000個であることがわかった。ヒトと共通の遺伝子がたくさん含まれているのは驚きである。特に、自然免疫に関わる遺伝子が多数発見された。また、眼のないウニにも他の生物の眼で発現するロドプシンファミリーに含まれるオプシン遺伝子と類似する遺伝子をもっていることがわかった。

一方、再生力が強く生物研究者を魅了してきたイモリは、ヒトの10倍以上のゲノムサイズをもっており、この再生力の強さの原因はゲノムに何か未知の能力があるのかもしれない。また、イモリは〝がん〟にならないという性質があることから、これもイモリのゲノムを解読することによって明らかにできるかもしれない。イモリの研究からヒトの治療につながる可能性があるのである。

しかし一方、いまだほとんどの生物種においてゲノム情報は解読されていないのが現状である。ゲノム解読が完了しているのは、古くから研究に利用されてきた微生物種や動植物種であり、それ以外の生物種でのゲノム解読は現在進行中あるいは多くの生物では未着手である。

ヒトのゲノムは2003年に解読が終了し、その後DNAの塩基配列を決めるスピードは塩基配列を決定する装置（DNAシークエンサー）の改良によって高速化し、次世代シークエンサー（NGS）が開発された。これによって31億のヒトゲノムを数日で解読できるまでになっている。NGS解析によって、これまでゲノム情報が全くなかった生物のゲノム情報を収集する技術は既に確立している。さらに、それに伴って収集した情報を解析する生命情報科学（バイオインフォマティクス）も発展してきた。

大きな問題となっていた、ＮＧＳ解析の費用についてもヒトゲノムであれば数万円で解析可能な時代も間近である。また最近、ＮＧＳ解析装置の小型化も進んでいる。MinION《ミナイオン》とよばれる非常にコンパクトなＮＧＳ装置が開発された。MinIONはＵＳＢメモリを少し大きくしたくらいの大きさで、パソコンに接続することで簡単に塩基配列が解読できる機器である。これを使うことによって、ウイルスや細菌などの塩基配列を発展途上国や医療現場で解読できる。実際、さまざまな品種や野生生物のゲノム解読は始まったばかりである。前述の装置やバイオインフォマティクスの進展によってゲノム情報が整備されることが、ゲノム編集による正確な遺伝子改変には必須であり、早急に進めるべき課題の１つである。

1-5　ＤＮＡは細胞の中で頻繁に切れている

大腸菌などの核をもたない原核生物は、二重らせんＤＮＡがリング状になった環状構造の染色体をもっている。これに対して、真核生物の染色体は、直鎖状であり、複数本の染色体が核内に存在する。例えばヒトの細胞には、46本の染色体が含まれる。常染色体とよばれる22対の染色体

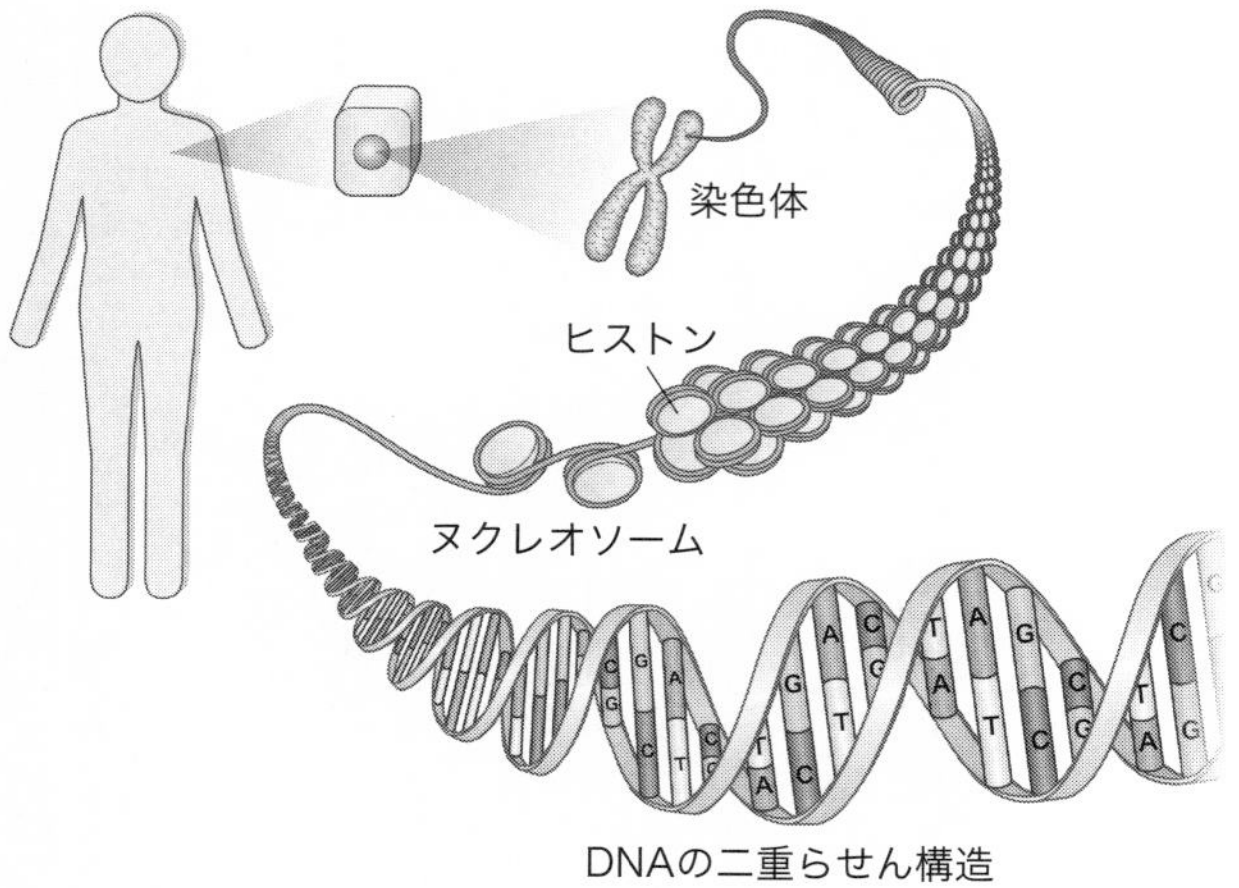

図1-2 DNAの二重らせん構造（再掲）

に加えて、男性はX染色体とY染色体、女性は2本のX染色体をもっている。これらの染色体を伸ばしてつなげると約2mにもおよぶ長さになる。このような長いDNAであるが、直径が約0・02㎜の細胞の中、さらにもっと小さい核の中に収納されている。DNAはヒストンとよばれる八量体タンパク質と結合したヌクレオソームが基本構造となるが、これが折り畳まれて高次のクロマチン構造を形成する（図1-2）。

ヒトの46本の染色体は、細胞の増殖周期に従って緩んだり凝縮したりする。興味深いことに、それぞれの染色体がもつれることなく、凝縮したり緩んだりする。近年の研究で、染色体は核の中に区画化されて位

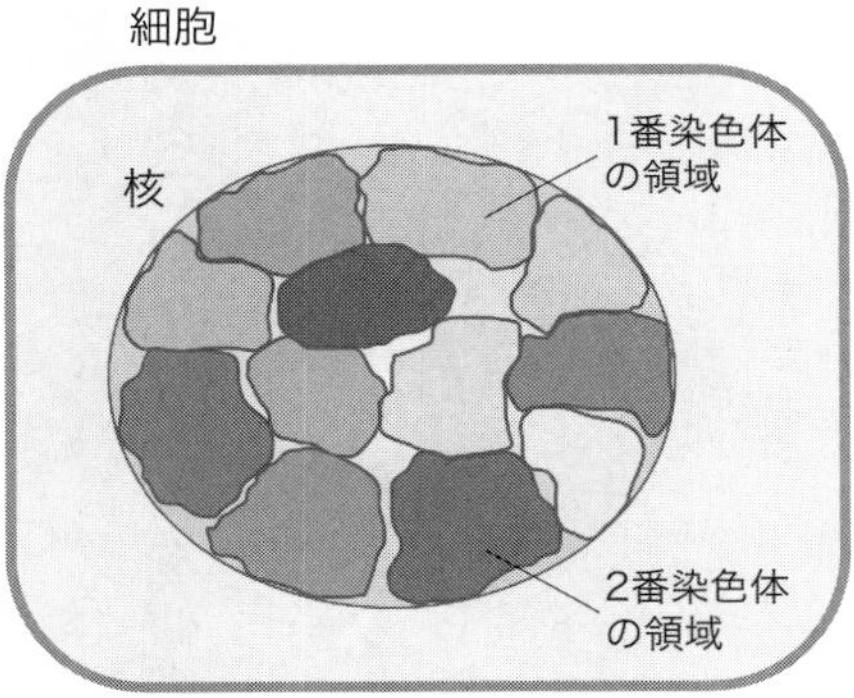

図1-7　染色体領域（テリトリー）の模式図
核の中で各染色体はそれぞれの領域に存在している。

置することがわかってきており、もつれないようそれぞれの染色体が領域（テリトリー）を形成している（図1－7）。

細胞分裂においてDNAは正確に複製されて親細胞から娘細胞へ受け継がれるが、このDNA複製過程でDNAは、しばしば切断される。DNAの切断は大きく2つに分けられ、二重らせんを形成する片方のDNA鎖のホスホジエステル結合が切断されることを「DNA一本鎖切断」、DNA鎖の両方が同時に切断されることを「DNA二本鎖切断」（DSB：DNA double strand break）とよぶ。

一本鎖の切断は、片方の鎖がつながった状態なのでもとに戻すことは容易であるが、DNA二本鎖切断は遺伝子の分断や異なる染色体どうしの連結が起こりやすく有害性が高い。特に、重要な遺伝子が分断されたままだとコードされたタンパク質が作られないので細胞には大きなダメージとなる。このようなDNA二本鎖切断は、ある種の化学物質(発がん性物質など)や活性酸素、放射線が原因でも起こるので、生物の遺伝情報は常に分断される危機にさらされている。

1-6 切断されたDNAを修復する能力

細胞は、さまざまな原因で起こるDNAの二本鎖切断に対して柔軟に対応するため、切断されたDNAを速やかに修復する機能をもっている。この修復は、基本的に元の塩基配列に正確に戻すために働くが、切断された状態は危険なので正確な修復でなくてもつなぎ合わせることが優先される。実は、後述するZFN(ジンクフィンガー・ヌクレアーゼ)、TALEN(ターレン)、CRISPR-Cas9(クリスパー・キャス9)などのゲノム編集ツールは、全てこのDNAの二本鎖切断(DSB)を利用して、ゲノム情報を改変するものだ。

DNAの二本鎖が切断されたときの修復システムは、大きく3つの経路に分けられる。末端を保護し即座に結合する経路(非相同末端結合修復:NHEJ修復とよばれる)、切断箇所の両側にある短い相同配列(数塩基から数百塩基の長さ)を利用して修復する経路(マイクロホモロジー媒介末端結合:MMEJ修復とよばれる)、手本となる鋳型(染色体など長い相同配列)を利

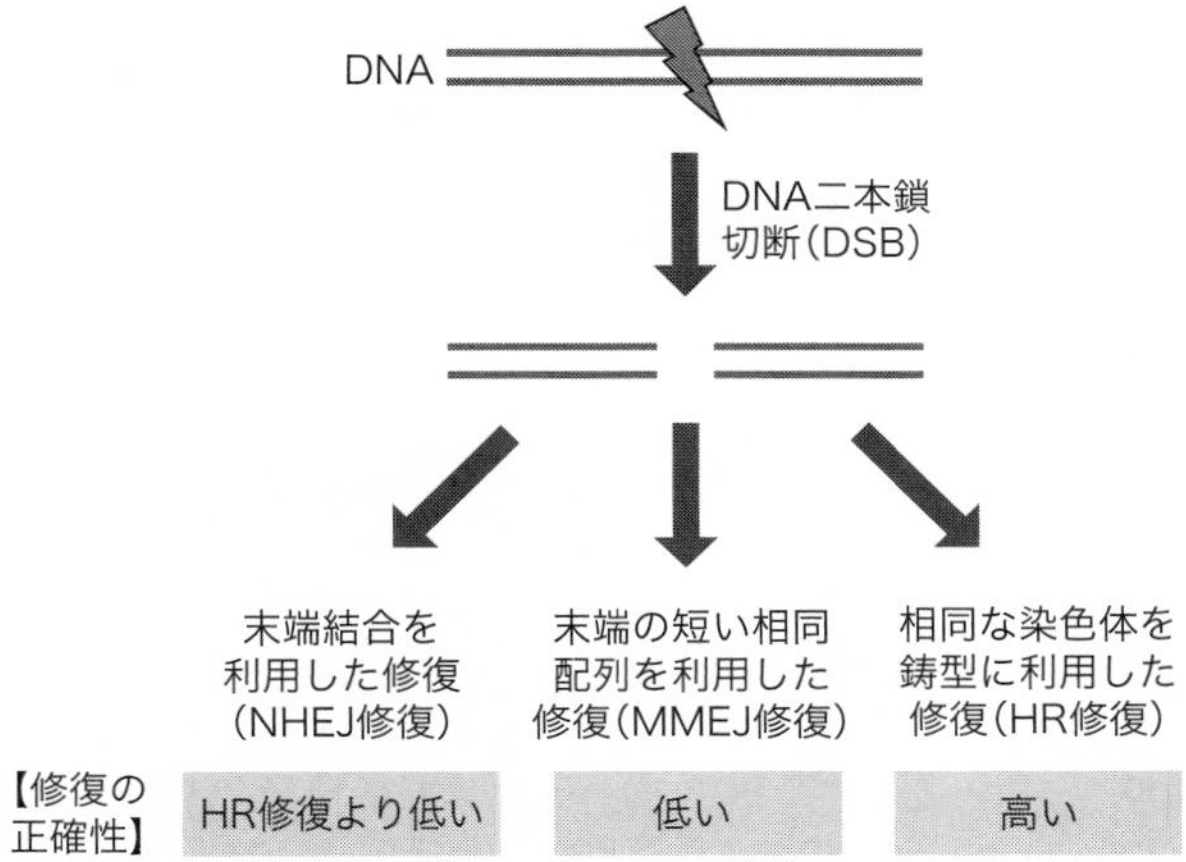

図1-8　DNAの二本鎖切断は細胞内で修復される

用して修復する経路（相同組換え修復：ＨＲ修復とよばれる）がある（図１－８）。ＭＭＥＪ修復とＨＲ修復は、ともに相同配列を利用する修復経路であることから、相同配列依存型修復（ＨＤＲ修復）ともよばれる。

　ＮＨＥＪ修復やＨＲ修復では、基本的に切断前と同じ塩基配列に戻す。これに対してＭＭＥＪ修復では、切断箇所の両側にある異なる配列をつないでしまうため、その間の配列が削れる欠失変異を引き起こす。また、ＮＨＥＪ修復では、ある頻度で正確な修復が行われず、欠失、付加（挿入）が起こる。このようにＭＭＥＪ修復やＮＨＥＪ修復で塩基の欠失や挿入（インデル変異）のような自然突然変異が入ると、必ず有害な影響を与えると思われがちだが、前述したようにヒトゲノムの半分は繰り返し配列やレトロトランスポゾンである。これらの配列に突然変異が入っても細胞の生存にとって大きな影響があるとは考えにくい。詳細は後述するが、ＮＨＥＪ修復を介したインデル変異は主に遺伝子破壊（ノックアウト）に、ＭＭＥＪ修復やＨＲ修復は主に遺伝子挿入（ノックイン）に利用される（第３章、図３－８）。

一方、１・５％部分の遺伝子領域への欠失・挿入は、遺伝情報にエラーが生じたり、途中で情報が途切れることによって、正しいタンパク質が作られなくなったりするので、大変有害である。このようなＤＮＡの変化はどれくらいの頻度で起きているのであろうか？　生物は、環境からの影響を常に受け、細胞によっては入れ替わるために分裂・増殖している。細胞増殖におけるＤＮＡ複製では、ＤＮＡ二本鎖切断の修復エラーや複製のエラーによって変異が導入される。これらのことは、日々生物のゲノムＤＮＡにはＤＮＡ二本鎖切断が入り、頻度は低いがそれぞれの細胞のＤＮＡには変異が入ることを意味している。ヒトゲノムでは、１回の複製において３塩基が変化する程度である。

ＤＮＡ修復は、切断末端を修復するが、直鎖状の１つの染色体にはそもそも末端が２つあり、末端どうしが近くに位置すれば修復によってつなぎ合わされる可能性がある。ヒトの細胞には46本の染色体があるので、92の末端があることになり、異なる染色体の末端が偶然近くに位置すれば間違ってつながれることがあっても不思議ではない。実際、がん細胞では染色体が融合するこ

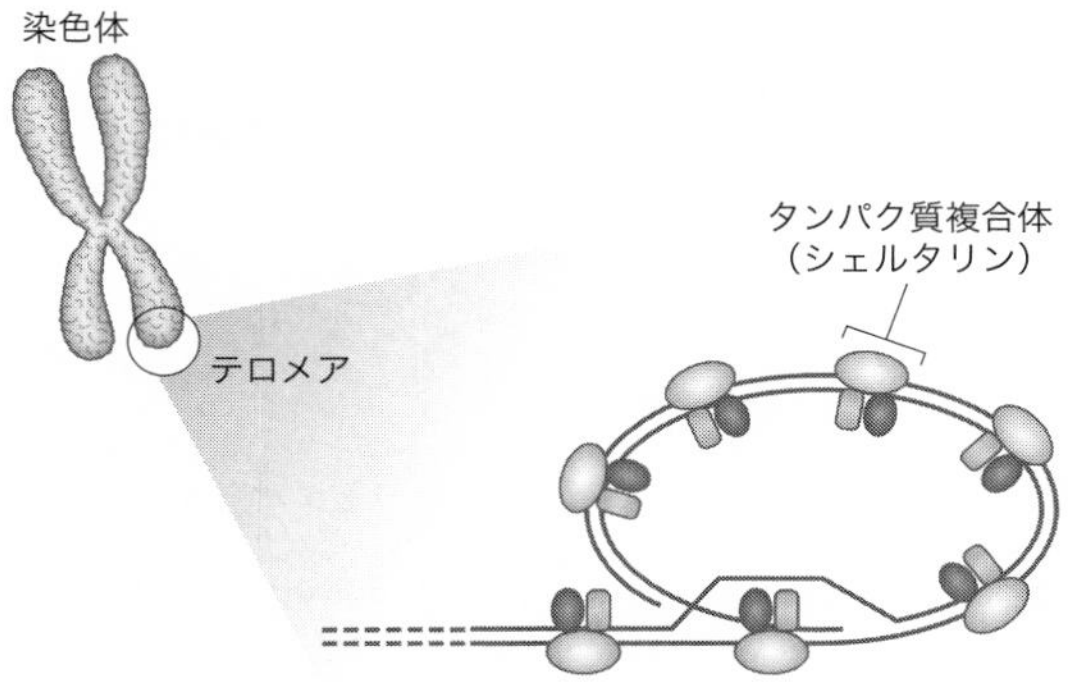

図1-9　テロメアのループ構造
テロメアには複数種類のタンパク質が結合した特殊なループ構造が形成され、染色体の末端が削られないように保護されている。

とがあり、修復機構が異常になると異なる染色体がつながることがある。

しかし正常な細胞では、染色体の末端どうしは結合しないで、それぞれの染色体は維持されている。これは、末端が特別な構造となっていることによるもので、この構造はテロメアとよばれる。テロメア部分のＤＮＡは繰り返し配列（ヒトでは5'-TTAGGG-3'/相補鎖は3'-AATCCC-5'の繰り返し）であり、特殊な構造（ループ構造）となっている（図１－９）。複数のタンパク質の結合した複合体（シェルタリンとよばれる）となり、修復する必要がある末端と間違えて末端が削られたり、別の染色体とつなぎ合わされることから守られている。テロメアはＤＮＡ複製ごとに短くなるが、テロメラーゼという酵素によって、テロメアを伸長する。ヒトでは次世代へ遺伝情報を受け渡す生殖細胞（精子や卵のもとになる細胞）でテロメアの伸長が起こっている。

1-7 ゲノムはDNA修復時に変化することがある

ヒトゲノムは2003年に解読が完了したが、このゲノムは一体誰のDNAを解析して得られたデータであろうか？　当時の解読データ（国際共同チームでの解読）は、基本的には複数の人種のデータをつなぎ合わせたものである。人種ごとにゲノムの特徴があることも当初から予想されていたが、同じ人種の中でも、ゲノムには違いがある。これらの違いは、ヒトは同じ遺伝子セットをもっているが、塩基配列のレベルで比較すると微妙に異なる配列が存在するという意味である。ヒトゲノム計画では実際には複数人のDNAをもとに解読された。その後、2007年にはDNA二重らせん構造を発見したジェームス・ワトソンのゲノム情報が個人の情報としては世界で初めて解読された。

近年では、NGS解析によって個人のゲノム解析が安価で可能となり、このゲノムの違い（個性）が注目されている。生物は、DNAへ自然突然変異を受け、微小な変化が生じている。また、DNAの複製エラーによってもDNAには変異が入る。遺伝子内の変化の中でも、致命的な変異が入ると個体は生存できないので、集団から消えていき、多くの変異は次世代に引き継がれ

Aさんの塩基配列 AGCTGGTCCTATCGTGTCGATGCATGGGGCCACTGCAG

Bさんの塩基配列 AGCTGGTCCTATCGTGTCGATGCATGGGGCCACTGCAG

Cさんの塩基配列 AGCTGGTCCTATCGTGTCGAAGCATGGGGCCACTGCAG

スニップ(SNP)

(図1-10) スニップ（SNP）とは？
集団中に見られる一塩基の多型である。図では、二本鎖の片方の鎖のみを示している。

ないが、遺伝子の機能には影響のない変異や、機能に影響はあるが致命的にはならない突然変異は細胞のゲノム中に蓄積されていく。

私たちの体細胞に起こる突然変異は、次の世代に引き継がれるわけではない。生殖細胞以外の体細胞に入った変異は、その世代で消失することになる。一方、次の世代に受け継がれる生殖細胞（精子や卵およびこれらに分化する細胞）のＤＮＡへ突然変異が導入されると、この変異は次の世代に受け継がれる可能性がある。しかし、塩基配列の変化のほとんどは修復されるので、生殖細胞では１０００個の変異のうち1個が受け継がれる程度である。変異の多くは、スニップ（ＳＮＰ）とよばれる一塩基レベルの遺伝子多型※章末注1となり、ヒトの個体間で比較すると０・１％程度の違いがあると考えられている（図１－10）。

これまで多くの生物のゲノム情報が公開されているが、それらのゲノムは一個体から解読されたわけではなく、基本的には多数の個体から抽出したＤＮＡを混合して解析している。そのため、ゲノムが解読されているからといって、同じ生物種の個体間でゲノムにどれだけ違いがあるのかは、ほとんどわかっていなかった。

最近のＮＧＳ解析の普及によって、ようやく個体それぞれのゲノムの解析が可能となってきている。特に、ヒトでは遺伝性疾患やがんの関連変異の解析が研究レベルで進められてきた。さらに最近では、個人ゲノムの解析サービスを行う企業が、ビジネスとしてゲノム解析の受託サービスを行っている。この解析によって、遺伝性疾患の原因変異や疾患に影響を与える多型を見つけることも可能になってきている。特にがんに関連することがわかっている遺伝子については、１００個程度に絞ってその解析から診断や治療が行われている（がん遺伝子パネル検査）。さらに政府は、新たにがんや難病に関連する治療法の開発を目指して10万人の個別ゲノムを解読するプロジェクトを２０２０年から開始している。

筆者らは最近、筑波大学と国立遺伝学研究所のグループなどとともに、日本産のバフンウニのゲノムの解読を行った。ウニはヒトデやナマコと同じ棘皮動物であるが、卵が透明なことから古くから動物の初期発生の研究に使われている。前述したとおり、海産生物のウニは、約８億塩基対のゲノム情報をもっており、ヒトと同じ働きをする遺伝子が多数含まれていて、ウニ研究から動物の共通の現象を調べることも可能である。しかし、ウニのある遺伝子の調節領域について約１６００塩基対を、同じ磯《いそ》から採集してきた複数の個体間で比較してみると、１％以上の違いが見られた(集団内に変異のある箇所は約6%であった)。

ヒトでは、個体間のゲノムの違いが0・1%程度であることを考えると、ウニは同一種内でゲノム情報の大きな違いが見られるのである。これらの違いは、DNAの切断を原因として生じた変異が蓄積した可能性が高く、突然変異の蓄積の頻度は生物種によって異なると考えられる。他の海産生物でも同じ生物種内でゲノムの配列の違いが大きい生物も報告されていることを考えると、生物はゲノムを積極的に変化させることによって多様性を維持し、さまざまな環境変化に対応する生存戦略に利用しているのかもしれない。

また、生物の中には特殊な放射線耐性機構を備えた生物も知られている。放射線に高い耐性をもつデイノコッカス・ラディオデュランスという細菌は、強い放射線でDNAが複数に断片化されても修復が可能である。乾燥や放射線に強い耐性をもつことで有名な体長0・5㎜程度の緩歩動物のクマムシは、放射線耐性に関係する特別な遺伝子をもつことが報告されている。これらの生物では未知の耐性機構をもつことが予想され、詳細な機構が明らかにできれば新しい技術の開発につながる可能性もある。地球上の生物はまだ多くの精密な機能を有しており、これらの利用が新しい分野開拓につながっていくことが期待される。

1-8 DNAの変化によるさまざまな影響

自然突然変異によって導入される変異の多くは、塩基置換やインデル変異（数塩基の欠失や挿入）である。このような変化が遺伝子へ挿入されると遺伝子の機能が損なわれる場合がある（図1－11）。

一塩基の置換であれば、コドンが変わり、コードするアミノ酸の変化によって、タンパク質の機能低下や機能不全が起こる場合がある。タンパク質は構造が重要なので一塩基の変化で1つのアミノ酸が変わるだけでも、機能に大きな影響を与えることがある。また、終止コドンが形成されてタンパク質が途中までしか作られないこともある。この場合、機能的なタンパク質が作られないことが予想される。欠失変異の場合にはもっと大きな影響が考えられる。

図1－11下段のように一塩基が欠失したことによって、遺伝情報にずれが生じ、欠失した部分から全く異なるアミノ酸配列のタンパク質となってしまうこともある。このようなタンパク質は構造が不安定なため細胞内では分解される可能性が高いが、新しいタンパク質としてアレルギーの原因となる可能性も否定はできない。

数塩基から数十塩基の変化に加えて、細胞内では遺伝子の大きな変異が起こることもある。数

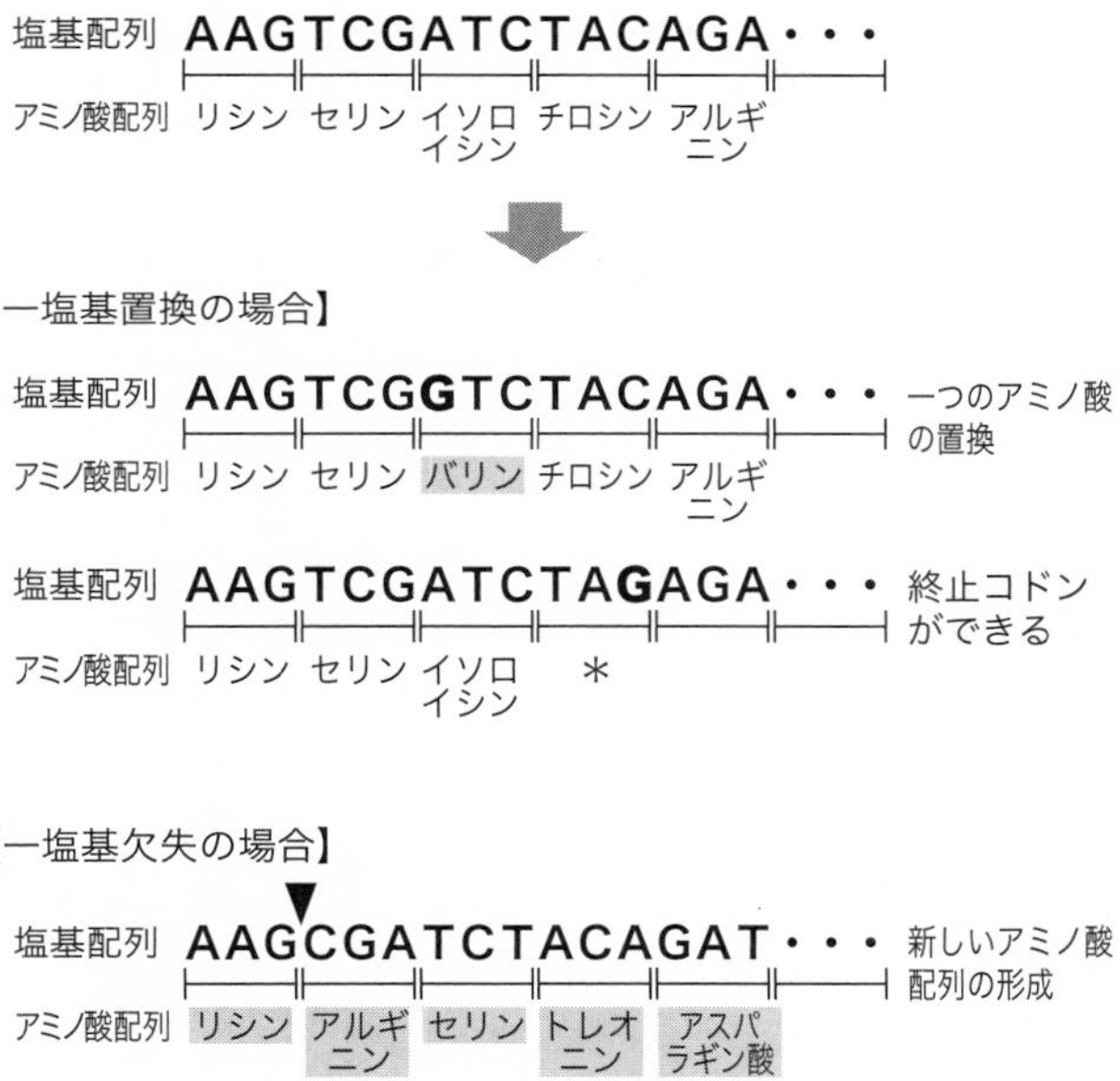

図1-11　一塩基変異の影響

一塩基が変化することによってコードするアミノ酸の情報が変わったり、終止コドン（＊）ができることがある。ここでは、AがGに変わることによって、イソロイシンがバリンに変わる。また、Tの欠失変異（▼）によって、情報にずれが生じ、新しいアミノ酸配列に変わることもある。

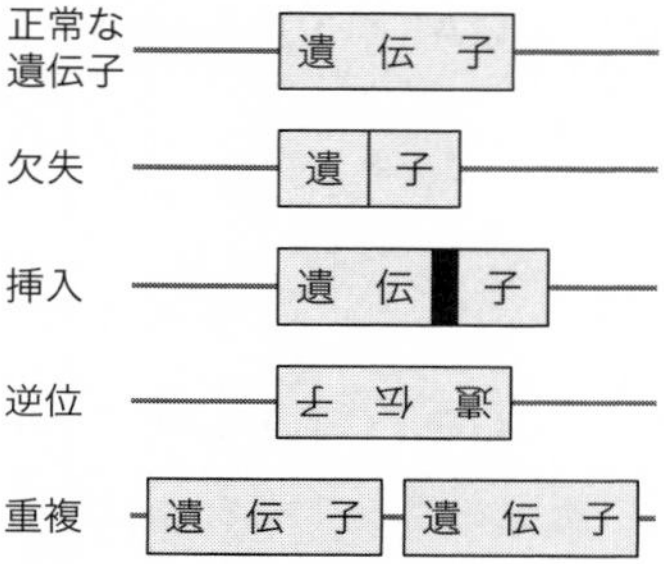

図1-12　遺伝子に起こるさまざまな変化

百塩基から数千塩基対にわたって大きく抜け落ちる欠失（大規模欠失）や、遺伝子の逆向き（逆位）や同じ遺伝子が2つ並ぶ現象（重複）が見られる（図1-12）。この他、異なる染色体どうしが結合してしまう現象（転座）が起こる（図1-13）。この転座は、がん細胞において頻繁に見られ、白血病では9番染色体と22番染色体が結合したフィラデルフィア染色体※章末注2が有名である。この染色体の結合部分に新しい遺伝子が作られ、そこから作られるタンパク質（タンパク質リン酸化酵素）によって細胞の恒常性が失われ、異常な細胞増殖が起こるのである。

1-9 遺伝子の働きを調べることの重要性

遺伝子の働きを調べることは、生命の基本現象を理解する上で重要であるだけでなく、ヒトでは病気の発症機構の解明や治療法の開発につながると考えられる。微生物や農

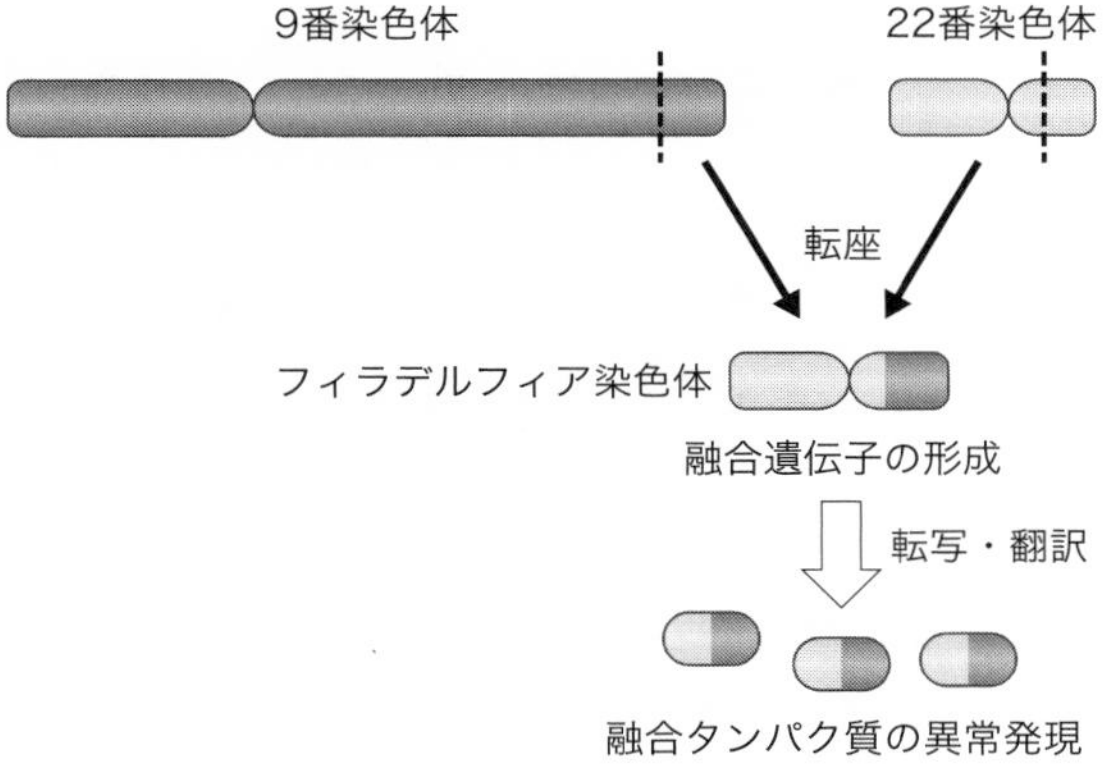

図1-13　転座による融合タンパク質の異常発現

水畜産物では有用品種の開発につながることから、それぞれの生物のもつゲノム情報の解読と全遺伝子の機能解析は、これからさらに重要度を増すことになる。

古くは、自然に生じた突然変異体の表現型（形質や性質の変化）を指標として、原因となる遺伝子へ起こった変異を探る手法（順遺伝学的な手法とよばれる）が主流であった（図1-14）。しかし、この方法はどの染色体に原因の遺伝子が存在するのか、さらにその染色体のどこに位置するのかを、遺伝子の多型マーカーを目印に絞り込む作業（ポジショナルクローニングとよばれる）が必要なため、研究者にとっては重労働であった。マウスの特定変異の原因遺伝子を3年以上かけてやっと決定できたなど、昔の苦労話はつきない。

ゲノム解読が完了した生物種では、塩基配列の

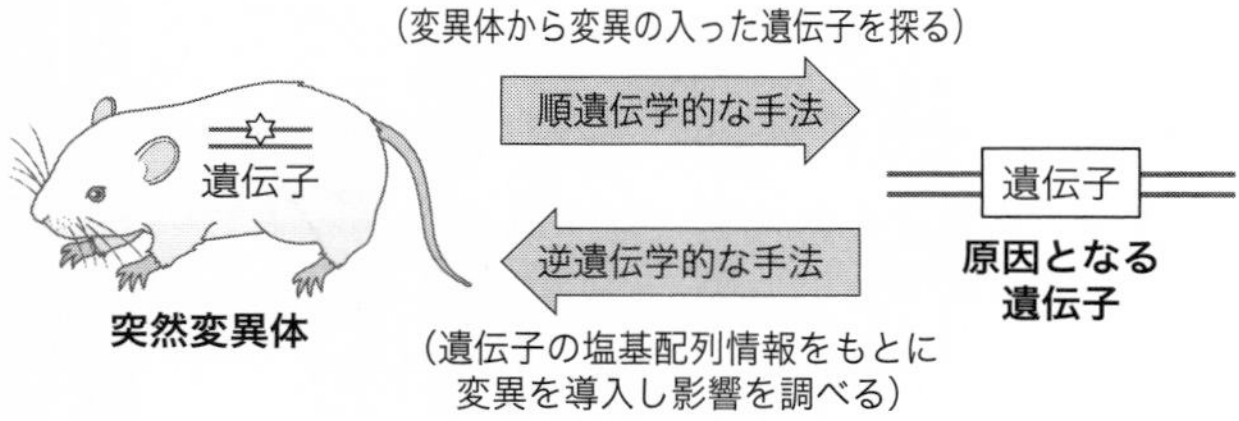

図1-14 順遺伝学と逆遺伝学による遺伝子機能の解析

情報からアミノ酸配列の情報を得ることができるので、データベースの検索機能を利用してタンパク質の機能を予測することが可能である。

前述の遺伝学的手法を用いた研究によって機能が明らかにされた遺伝子については、遺伝学的手法によって機能が解析できない生物種においても、塩基配列やアミノ酸配列の類似性から相同遺伝子（進化的に保存された遺伝子）のタンパク質の機能が予想できる。また、さまざまな酵素は独自の活性ドメイン（タンパク質中に見られる特定の機能を有する部分）を、転写因子は転写活性化ドメインをもっており、それらの機能ドメインからしばしば機能を予測できる。

機能予測が難しい場合、そのタンパク質がどの細胞種で発現しているのか、細胞内ではどこに存在しているのかの情報も機能を類推する上で役に立つ。しかし、機能ドメインや存在場所が特定できたとしても、遺伝子が細胞や生物個体でどんな働きをしているのか正確に知ることは困難である。そのため、対象とする生物で目的の遺伝子の変異体が存在しない場合は、ゲノムの塩基配列の情報をもとにしてその遺伝子に変異を特異的に導入し、細胞や個体に与える影響を調べることが重要となる（この方法は逆遺伝学的な手法とよばれる、図1－14）。ゲノム編集は、さまざまな生物で標的の遺伝子を改変できることから、この逆遺伝学的な手法に重要な技術と現在位置づけられ、今後遺伝子機能解析には不可欠となると予想されている。

1-10 遺伝子の転写を調節する領域への変異も大きな影響がある

タンパク質をコードする遺伝子（エキソン部分）へ変異が入ると、正常なタンパク質が作られないなど、細胞や個体にとって大きな影響が生じる。エキソン部分への変異に加えて、遺伝子周辺の配列への変異も大きな影響が出る可能性がある。それぞれの遺伝子には、転写を開始する箇所（転写開始点）が決まっており、その上流（遺伝子には方向性があり上流と下流と生物学ではよぶ）に転写のスイッチ部分（プロモーター）があり、転写量をコントロールする調節領域が上流や下流あるいはイントロンに存在する。これらの調節領域も、DNAの塩基配列として情報をもっており、この塩基配列に転写に関わる転写因子（タンパク質）が結合して働くエンハンサーなどの調節エレメントが存在する（図1－15）。

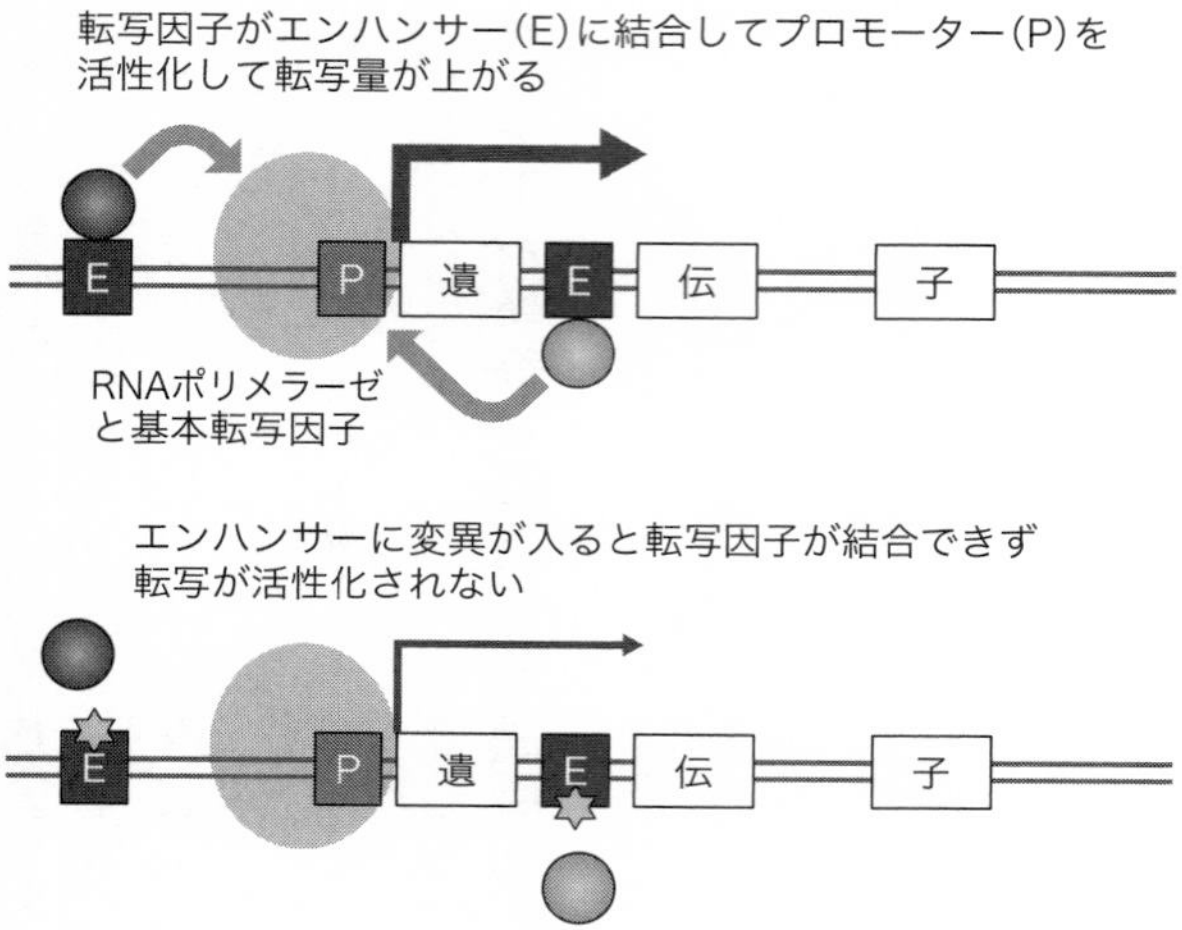
転写因子がエンハンサー(E)に結合してプロモーター(P)を
活性化して転写量が上がる
E
P
遺
E
伝
子
RNAポリメラーゼ
と基本転写因子
エンハンサーに変異が入ると転写因子が結合できず
転写が活性化されない
E
P
遺
E
伝
子

図1-15 転写活性化での塩基配列の変化の影響

遺伝子の転写が始まる部分にはプロモーター（P）とよばれるスイッチとして働く部分がある。ここに転写を行うRNAポリメラーゼと基本転写因子が結合して、転写が開始する。RNAポリメラーゼの転写を促進するためには、エンハンサー（E）とよばれる調節領域に転写因子（●で示した）の結合が必要となる。エンハンサー部分に変異が入ると転写因子が結合できなくなり、転写の活性化が見られなくなる。

つまり、プロモーターやエンハンサーの塩基配列も重要な情報になっているわけである。そのため、これらの部分に変異が入った場合にも、細胞の機能には大きな問題が生じる。遺伝子そのものには塩基配列に異常がない場合でも、スイッチが壊れてしまえばタンパク質を作ることはできないし、エンハンサーが機能しないと正常な量のタンパク質が作られない。また、発現を抑制するエレメント（サイレンサー）に変異が入ると、抑制性の転写因子が結合できないことによって、必要以上に大量のタンパク質が作られるなどの影響も現れる。遺伝子やそのスイッチなど遺伝子に関連する部分以外でもさまざまな影響が考えられる。

タンパク質をコードしていない部分（非遺伝子領域）へ変異が入った場合は、どのような影響が考えられるであろうか？　非遺伝子領域は、繰り返し配列などが中心であり、これらの部分に小規模の欠失や挿入などが入ったとしても大きな影響がないと予想される。一方、最近の研究では、タンパク質をコードしていない非コードＲＮＡ（ノンコーディングＲＮＡ）遺伝子が転写されて、ｍＲＮＡの翻訳の制御などの重要な機能を有することが明らかになっている。このような翻訳されないＲＮＡは短いＲＮＡ（マイクロＲＮＡ）をコードしており、分子内でヘアピン構造などを形成して、機能すると考えられている。そのためマイクロＲＮＡ遺伝子部分に変異が入ると、正常なヘアピン構造が形成できない可能性がある。さらに最近の研究で、ヒトの個性を担う塩基配列も非遺伝子領域に存在が示され、非遺伝子領域における変異導入も細胞や個体へ大きな影響を与えることが予想されている。

※1　遺伝子多型とは、対象生物集団の中に1％以上の頻度で出現する遺伝子型を示し、1％未満のまれに見られる変異とは異なる。

※2　フィラデルフィア染色体を原因とする白血病には、イマチニブ（グリベック）とよばれる低分子の薬が開発されており、急性リンパ性白血病の治療薬として使われている。

第2章

遺伝子を改変するということ（ゲノム編集以前）

2-1 細胞や生物のＤＮＡに変異を入れる方法

遺伝子の改変には、自然界の非常に低い頻度で起こる自然突然変異が利用されてきた。何世代にもわたって交配・交雑を行い、良い性質をもった品種を選抜する方法が使われてきた。そのため、新しい品種を作るまでに何十年もの時間がかかってきた。

人為的にＤＮＡに変異を入れる方法として、古くから使われているのが人工突然変異法である。この方法の中で有名なのが、放射線を利用した方法と化学変異原物質を利用した方法である。第1章でも説明したように、放射線を受けたＤＮＡには高頻度にＤＮＡ二本鎖切断が誘導され、その修復過程で突然変異が導入される。放射線を利用した方法は、古くから品種改良に使われ、これまでに有用な作物や果樹の品種が複数作られている。日本では、イネや大豆などを中心に400品種以上が作られ、国連食糧農業機関（ＦＡＯ）／国際原子力機関（ＩＡＥＡ）のデータベースに登録されている。例えば、鳥取県の特産として有名な「ゴールド二十世紀」はガンマ線を照射することによって作られた黒斑病に強い品種である。ガンマ線照射は、茨城県にある農業・食品産業技術総合研究機構（農研機構）の放射線育種場ガンマーフィールド（現在は使用停止となっている）によって行われた。ガンマ線以外には、重イオンビームを利用した方法も育種に使われている。重イオンビームを使った方法では、加速器（サイクロトロン）を用いて、加速した重イオンを局所的に照射することが可能である。重イオンビームは、局所的に作用させることができることから従来の放射線治療より効果的な〝がん〟の治療としても使われている。

放射線などの物理的な変異原に加えて、化学変異原物質が、基礎研究において様々な生物での遺伝子改変に利用されてきた。例えば昆虫のショウジョウバエや熱帯魚のゼブラフィッシュは、研究のモデル動物としてよく使われているが、化学変異原のエチルニトロソウレア（ＥＮＵ）を利用して、多くの突然変異体（点突然変異体）が作製されて、研究の発展に寄与してきた。ＥＮＵは、ＤＮＡの塩基をアルキル化する薬剤で、グアニン塩基がエチル化（C_2H_5－の付加）されて、塩基置換が誘導される。これによって、単なる遺伝子破壊だけでなく、遺伝子産物の機能低下を誘導する変異体が作製された。

放射線や化学変異原を利用した変異体の作製は、様々な変異体を得ることができる（図２－１）。例えば、マウスでは腹腔に化学変異原を注射するだけで精子へ点突然変異を導入することが可能である。点突然変異とは、一塩基の変化によって生じる変異である。

また、メダカでは化学変異原の入った飼育水で雄メダカを一時的に飼育するだけで生殖細胞へ点突然変異を入れることができ、非常に簡便である。しかしながらこの方法は、一度に数百ヵ所以上に変異が導入されるため、特定の遺伝子のみに変異を入れた個体を作製することが難しい。

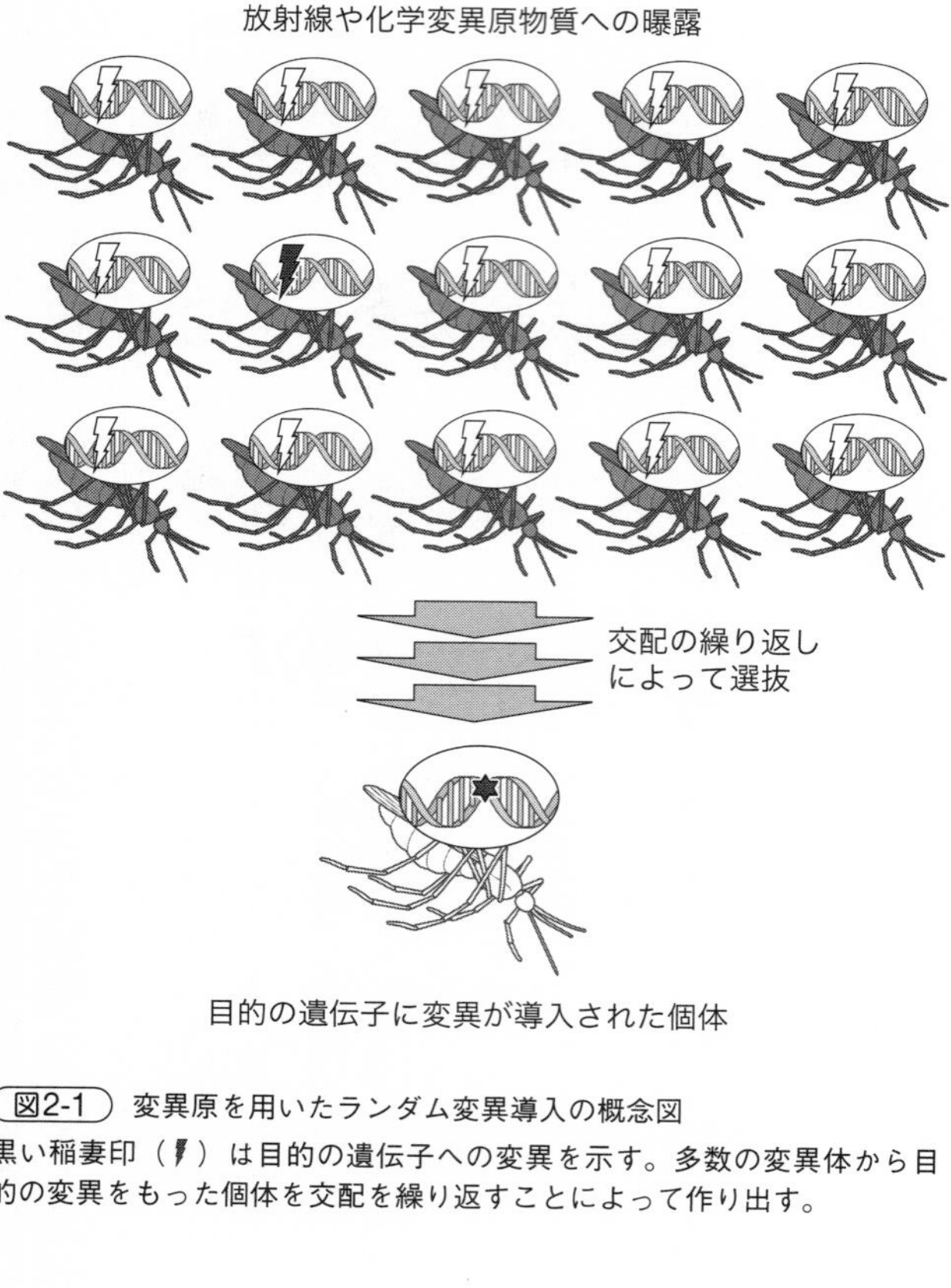

図2-1 変異原を用いたランダム変異導入の概念図

黒い稲妻印（⚡）は目的の遺伝子への変異を示す。多数の変異体から目的の変異をもった個体を交配を繰り返すことによって作り出す。

そのため、複数の突然変異が導入された個体群から自分の興味のある遺伝子に変異が入った個体を選び出す選抜作業が必要となる。

さらに、正常個体との交配を繰り返すことによって、目的以外の変異を排除する戻し交配を行うことによって、目的の変異のみが入った個体を作製する。しかし、これはとても骨の折れる作業であり、たくさんの変異体をまず作り、飼育・栽培することが必要である。

2-2 転移因子（トランスポゾン）を使って遺伝子を改変する

ゲノムは常に変化していることをこれまで説明してきたが、ゲノム中には動いて移動する因子が存在し、これによってもゲノムは変化する。この移動する因子は、転移因子（トランスポゾン）とよばれ、ゲノム全体から見れば非常に小さい移動するＤＮＡ（数千塩基対程度）である。トランスポゾンは、ＤＮＡ型トランスポゾンとレトロトランスポゾンの２つの種類に分類される。ＤＮＡ型トランスポゾンは、ＤＮＡを切断して別の場所に挿入する酵素（トランスポゼース）をコードし、転写・翻訳されたトランスポゼースがトランスポゾンの両側を切断し、別の箇所へ挿入する（図２－２）。

１９５０年に米国のバーバラ・マクリントック博士によってトウモロコシで発見されて以来、

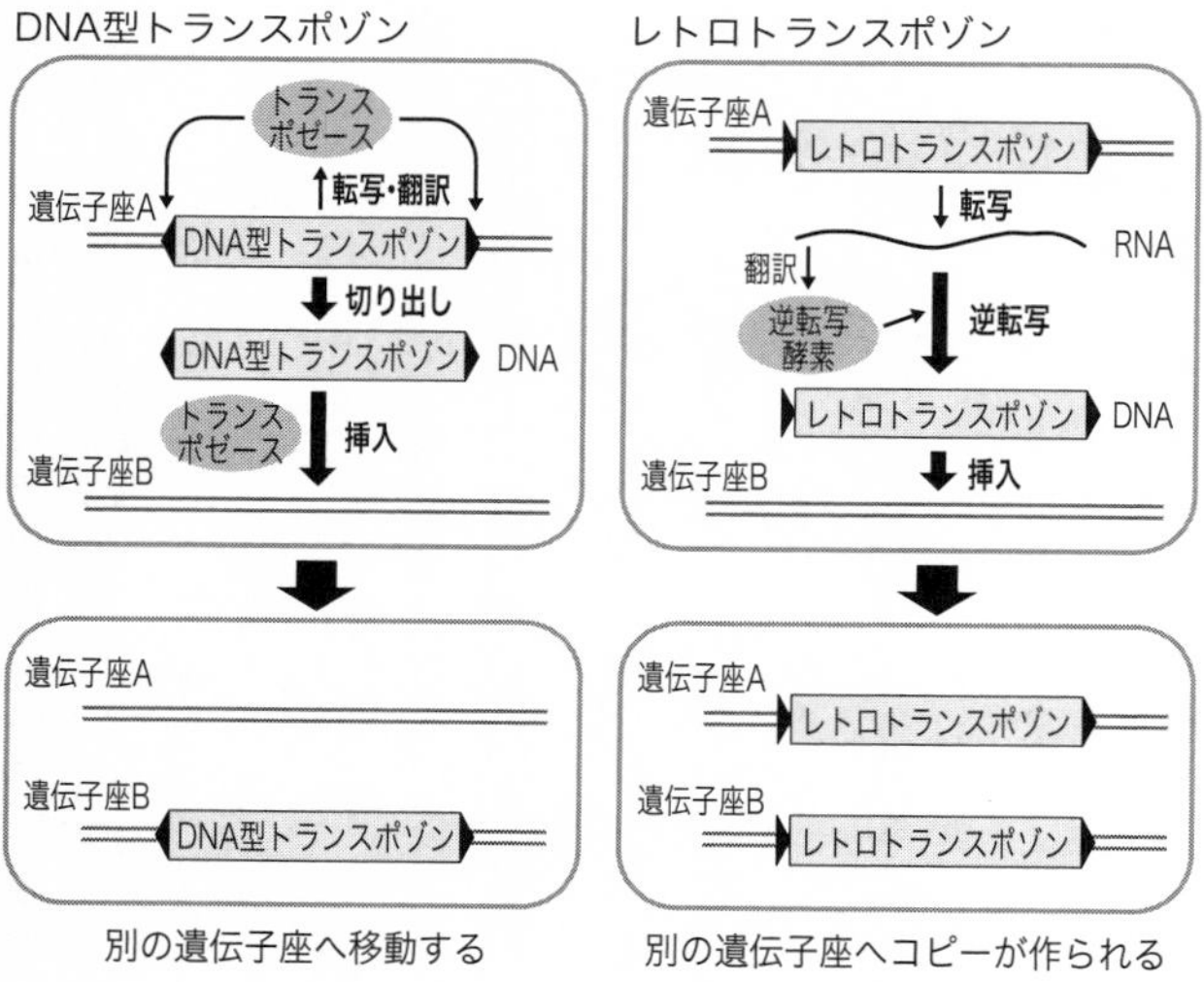

図2-2　トランスポゾンの移動

DNA型トランスポゾン（図左）……遺伝子座AにあるDNA型トランスポゾンから、転写と翻訳によってトランスポゼースが作り出される。トランスポゼースは、反復配列(◀と▶)を認識して、トランスポゾンを切り出し、別の遺伝子座Bに挿入する。

レトロトランスポゾン（図右）……遺伝子座Aにあるレトロトランスポゾンから逆転写酵素が作り出され、この酵素がRNAをもとにしてDNAを逆転写し、別の酵素によって遺伝子座Bに挿入される。

多くの生物種でトランスポゾンが見つかっている（1983年にノーベル生理学・医学賞を受賞）。動物では、ショウジョウバエやガのような昆虫からP因子やピギーバック、メダカでTo l2とよばれる現存する生物の中で移動するDNA型トランスポゾンが見つかっている。これらのトランスポゾンは、それぞれの生物の中で自由に移動されると生物にとっては有害な厄介者なので、トランスポゾンの移動を抑制する機構も備わっている。

さまざまな生物のゲノムの解読によって、トランスポゾンに関連する塩基配列が発見されてきた。昆虫や魚類から現在でも動くトランスポゾンが複数見つかる一方、ある種の魚類からは、進化の過程で機能を失ったトランスポゾン様配列（トランスポゾンの〝化石〟）が見つかった。この魚類の塩基配列には、既に複数の変異が入ったことによって、トランスポゾンとしては機能していなかった（偽遺伝子とよばれる）。そこで、原型である遺伝子の塩基配列は不明であったが、現存するトランスポゾンとの比較から機能の回復変異をトライ&エラーで導入することによって、機能的なトランスポゾンを復活させることに成功した。

このトランスポゾンはスリーピングビューティー（眠り姫）と命名され、哺乳類細胞で働かせることができる初めてのトランスポゾンとして有名である。一方、ヒトのゲノムではこのような移動するDNA型トランスポゾンは現在まで見つかっていない。これに対してレトロトランスポゾンとよばれる逆転写酵素（RNAからDNAを作り出す活性をもつ）をもつトランスポゾンは、ヒトにおいても移動することが知られている。例えば、Ｌ１とよばれるレトロトランスポゾンが移動したことによって、遺伝性疾患（血友病Ａなど）が引き起こされることや、がんの発生に関わる可能性が示されている。

ＤＮＡ型トランスポゾンが転移する性質を利用して遺伝子を改変する方法が開発されている。トランスポゾンが重要な遺伝子の中に入り込むと遺伝子は分断されるのでタンパク質として翻訳することができなくなる。このようなトランスポゾンでの遺伝子破壊は、由来する生物で利用するというよりは、異なる生物種で利用するほうが、よく移動して使いやすい。これは、もともとトランスポゾンをもつ生物種では、移動を抑える機構が働いており、可能な限り移動できないようにしているためである。

例えば、メダカのゲノムから発見されたＴｏｌ２は、メダカでは移動が抑制されるが、ゼブラフィッシュでよく動き変異体作製に利用されている。また昆虫のトランスポゾンは哺乳類の細胞やマウス・ラットなどでも遺伝子破壊に利用できる技術が開発されている。さらに、ショウジョウバエやアブラナ科のシロイヌナズナなどのモデル生物では、トランスポゾンによる遺伝子破壊によって網羅的な遺伝子破壊系統が作出され、世界中の研究者へ配付されている。目的の遺伝子の中にトランスポゾンが入っている系統は、基礎研究目的であれば国内外のバイオリソースセンターから入手することが可能である。

2-3 遺伝子ターゲティングによる正確な遺伝子改変

ゲノム編集以前の正確な遺伝子改変は、ＤＮＡ修復経路の中では活性が低く、生物種によっても活性の異なる相同組換え修復が利用されてきた。そのため、相同組換え修復が利用できる大腸菌や酵母、植物ではヒメツリガネゴケ、動物ではマウスＥＳ細胞など限られた細胞種や生物種においては正確な改変は可能であったが、植物や動物での操作は煩雑で、長い期間を要した。

その他のモデル生物で変異体の解析が進んだのは、変異原を利用した突然変異誘導を使って次世代を解析することが可能な生物種においてであり、これらの生物種では目的の変異体を選別する必要があった。

ＤＮＡ修復経路である相同組換え修復の活性が高い生物種では、狙って遺伝子のある部分を入れ換えることが可能である（図２-３）。ゲノム編集を使わないでも、挿入したい箇所のＤＮＡ配列を両側につけたドナーＤＮＡを細胞に導入すると、目的の箇所に正確に遺伝子を入れ換えることができる。この方法は、外来遺伝子の挿入によって遺伝子を狙って破壊することから、遺伝子ターゲティングとよばれている。

ここで疑問となるのは、マウスでできるなら、ラットでも他の生物でも簡単にできるのではないかという点である。マウスで狙って遺伝子改変をする場合は、マウスの胚性幹細胞（ES細胞）を使う。ES細胞は、初期胚から単離した細胞を培養してできる多能性幹細胞である。無限に増殖する性質をもつ点ではがん細胞と同じであるが、正常に染色体が維持され、増殖因子や分化因子を添加することによって様々な細胞に分化することができる多能性幹細胞である。

マウスのES細胞に、前述のドナーDNAを入れてやると相同組換えが起きて目的の遺伝子の中に、図2−3のように目印となるような蛍光遺伝子や薬剤耐性遺伝子を入れることができる。組換えが起こった細胞を、光ることあるいは薬剤耐性であることを指標にして選抜し、そのES細胞を胚の中へ戻してやる。ES細胞は、胚の中でほとんどの細胞種に分化することができるので、ES細胞に由来した細胞が生殖細胞になることがある。つまり、遺伝子が改変された精子や卵ができるのである。この精子や卵を使って受精卵を作製し、変異体を作製することがマウスでは可能である。しかし、この方法でノックアウトマウスを作製するためには6ヵ月以上を要するが、ゲノム編集では数ヵ月で作製することが可能となっている。

この方法が他の動物種で利用可能かどうかは、ES細胞のような多能性幹細胞が樹立できるかどうかにかかっている。また、鳥類や哺乳類でもES細胞を作製できるが、それらのES細胞は生殖細胞に分化させることが難しいため、遺伝子ターゲティングが使えないのである（ラットでは可能であるが、作製の効率が非常に低い）。

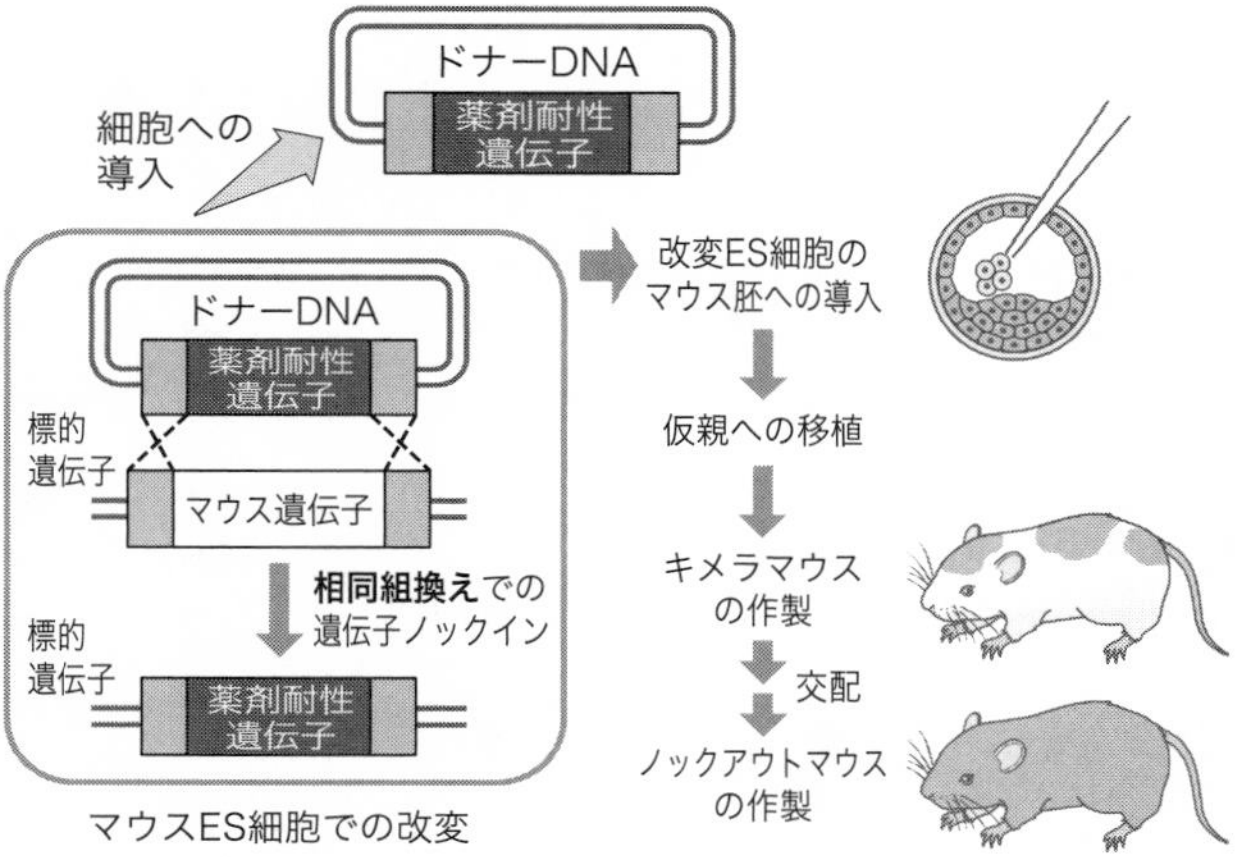

図2-3　マウスでの遺伝子ターゲティング

ＤＮＡに変異を誘発する変異原を使ってゲノム全体にランダムに変異を導入する方法（ランダム変異導入、図２‐１）も、全ての生物種に利用が可能なわけではない。次世代の個体を実験室内で作製・維持する飼育技術が確立していない生物種では、基本的に変異体を作出することが困難である。そのため、遺伝子ターゲティングやランダム変異導入ができない生物では、遺伝子機能解析を遺伝子ノックダウンなどの一過的な発現抑制に頼らざるを得なかった。遺伝子ノックダウンとは、ゲノムＤＮＡから転写されたｍＲＮＡの翻訳を抑えたり、ｍＲＮＡを分解することによって、標的のタンパク質量を低下させ、その影響を調べる方法である。アンチセンス法やＲＮＡ干渉法などが知られている（第４章

図4－1と図4－2参照）。

2-4 DNAを切る微生物の酵素

ゲノム編集が開発される以前は、前述の人工突然変異、トランスポゾンを用いた改良や遺伝子ターゲティングによって、目的とする遺伝子の変異体を作出してきた。変異体の作製には、飼育や栽培が容易であることも重要であったので、この点でも変異体作出は特定の生物種（モデル生物である酵母、ショウジョウバエ、ゼブラフィッシュ、マウス、シロイヌナズナなど）に限定されていた。

このような状況から、生物種を選ばないで利用可能な、目的の遺伝子のみに効率的に変異を入れる技術の開発が待ち望まれ、21世紀を目前とした1990年代に基盤となる技術の開発が始まった。

放射線であってもトランスポゾンであっても、遺伝子の改変ではDNAの切断が引き金となっていることから、ゲノム中に狙ってDNA切断を引き起こすことができれば、目的の遺伝子の改変が可能なことに多くの研究者は気づいていた。そこで研究者が注目したのが、DNAの特定の塩基配列を切断する制限酵素である。制限酵素は、1970年代の分子クローニング技術の基盤

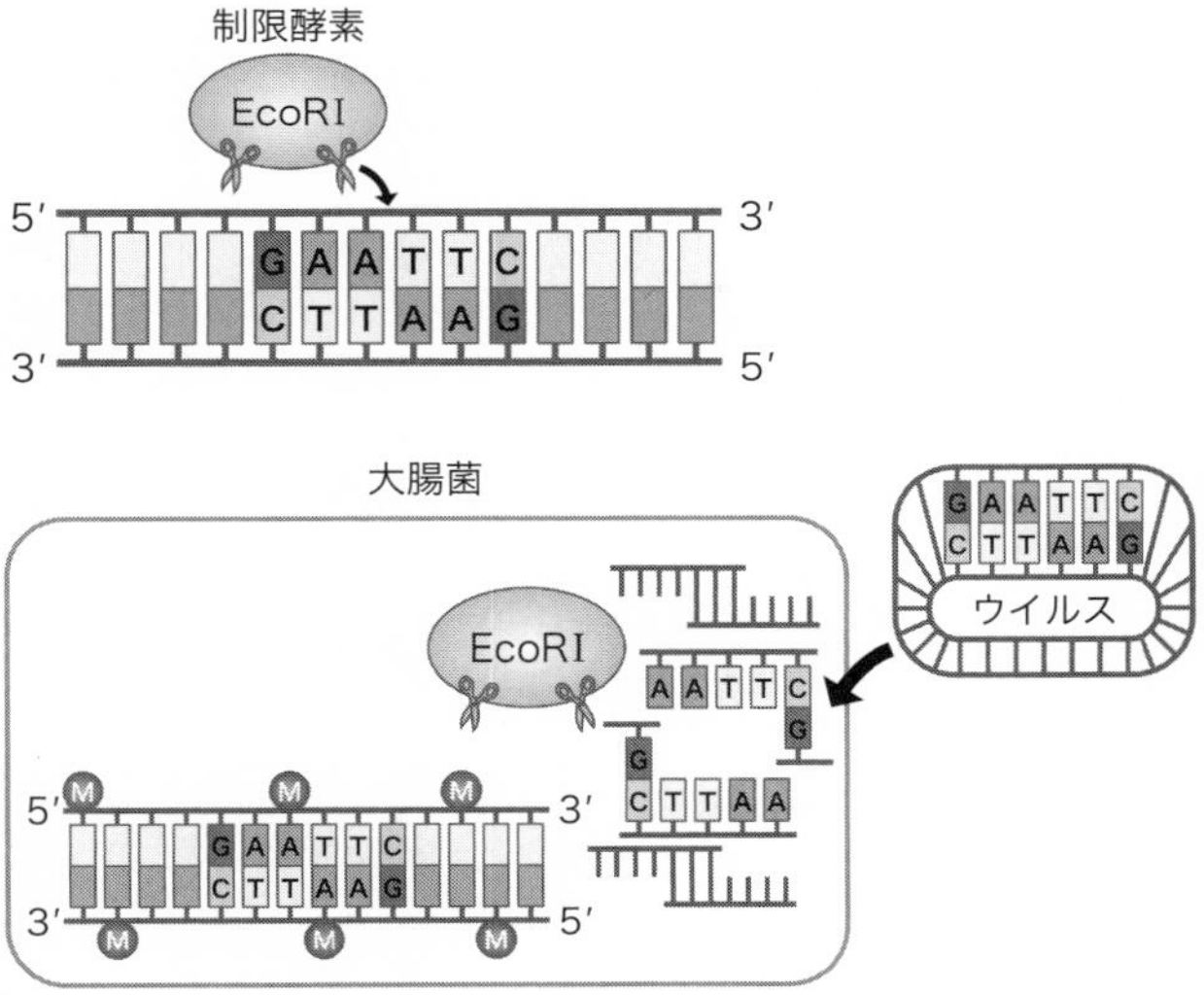

図2-4　細菌の制限酵素（提供：広島大学 坂本尚昭氏）
細菌は、ウイルスが感染して増殖するのを防ぐため、侵入したウイルスのDNAを制限酵素によって切断し、不活性化する。EcoRIはGAATTC/CTTAAG配列を認識してウイルスDNAを切断する。一方、大腸菌ゲノム中のEcoRI認識配列はメチル化(M)によって切断されないように保護される。

となった重要なツールである。制限酵素は、細菌がウイルス（細菌に感染するウイルスをファージとよぶ）から身を守るために進化させてきたＤＮＡ切断酵素である（図２－４）。

分子クローニングでは、大腸菌など細菌の環状ＤＮＡ（プラスミド）を運び屋（ベクター）として、このベクターの中に増やしたい生物種のＤＮＡを挿入する。ベクターと増幅したいＤＮＡを制限酵素によって切断し、のりづけ酵素（ＤＮＡリガーゼ）で連結するのである（図２－５）。この組換えＤＮＡを大腸菌に戻してやると、大腸菌は自分のＤＮＡとして複製を行う。研究者は大腸菌を栄養の豊富な培養液で増やし（37度で約20分に１回分裂）、増殖した大腸菌から大量の連結体を回収することができる。ＤＮＡを増幅する場合、ＰＣＲ（ポリメラーゼ連鎖反応）を用いることも多いが、現在でもこの方法によって目的の連結体を作製することが研究の基本操作として利用されている。

さまざまな細菌から分子クローニングに利用可能な３００種類以上の制限酵素が見つかっている。しかし、多くの制限酵素は、４塩基や６塩基の非常に短い塩基配列ＤＮＡを切断するものがほとんどであった。大腸菌のＥｃｏＲＩという制限酵素は、5'-GAATTC-3'（相補鎖は3'-CTTAAG-5'）の配列を認識・結合して切断し、ＭｓｐＩは5'-CCGG-3'（相補鎖は3'-GGCC-5'）の配列を認識・結合して切断する。例えば、ＥｃｏＲＩを用いてヒトＤＮＡを正確に大腸菌ＤＮＡの中に組み込むことが可能である（図２－６）。分子クローニング技術は、ＤＮＡを自在に切っ

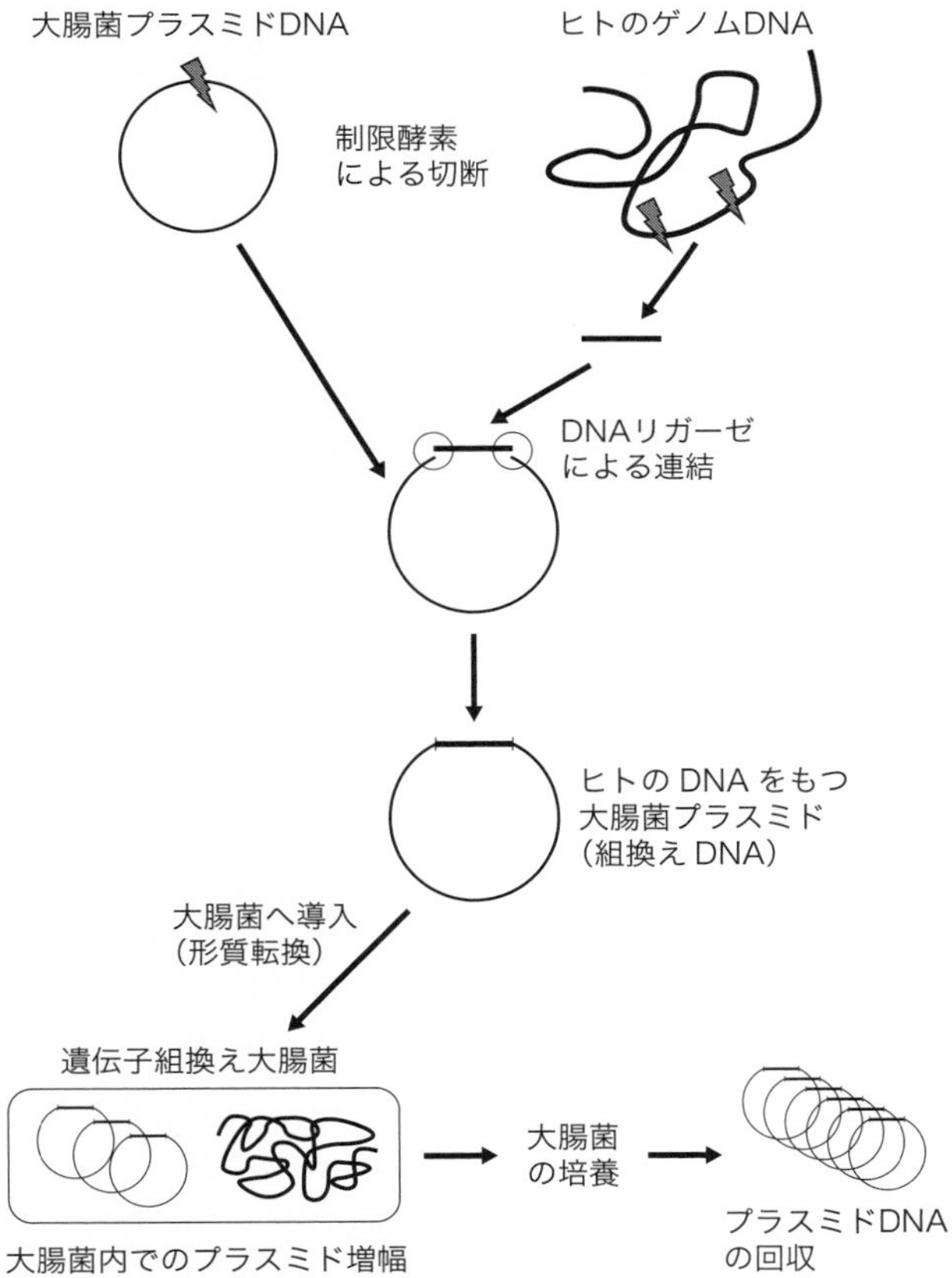

図2-5　分子クローニングの概念図

試験管内で大腸菌プラスミドDNAとヒトのゲノムDNAを、制限酵素を用いて切断し、DNAリガーゼによって連結する。この連結体を大腸菌へ導入し、大腸菌内での増幅と大腸菌の培養によって大量のプラスミドDNAを回収する。ここではDNAは一本鎖で示している。

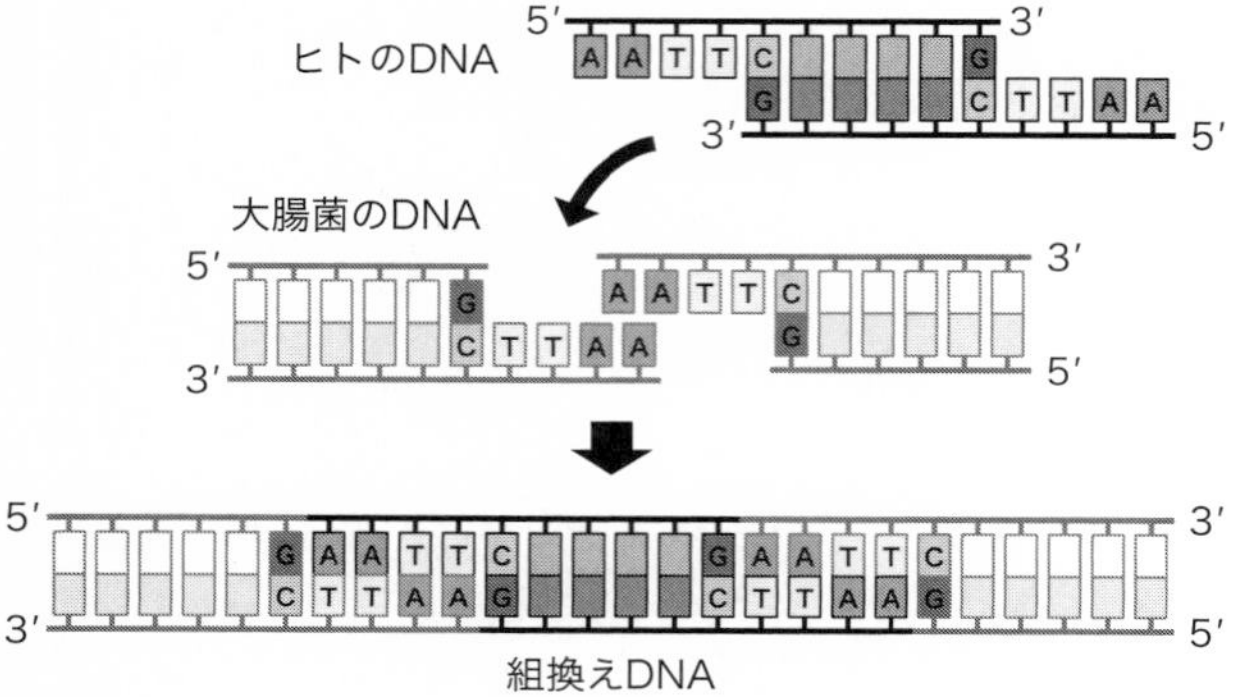

図2-6　ヒトのDNAと大腸菌のDNAの連結
同じ制限酵素（ここではEcoRI）で切断したDNAは、狙い通りにつなぐことができる。

たり、貼ったりすることができるが、基本的に試験管内での操作であり、細胞の中で行うことはできない。研究者は細胞の中でDNAを操作したいが、ゲノム編集以前では細胞内での正確な改変は限られた生物種（大腸菌、酵母、マウスES細胞など）で可能な技術であった（図2－3参照）。

制限酵素が切断する4塩基や6塩基の塩基配列は、EcoRIであれば約4000塩基対に1ヵ所、MspIであれば数百塩基対に1ヵ所は出現するので、細胞内でこれらの酵素を作用させるとゲノムDNAはバラバラになってしまう。これでは細胞が様々な修復機構をもっていても、修復が追いつかず細胞は死んでしまう。また、間違った箇所をつないでしまうことになり致命的である。

そこで研究者が目を付けたのが、制限酵素より長い塩基配列を認識してDNAをより特異的に切断する酵素であった。その1つが、細菌ウイルスや微生物から発見されたメガヌクレアーゼ（別名ホーミングエンドヌクレアーゼ）である。例えば、酵母のI‐SceIというメガヌクレアーゼは、18塩基を認識するので、理論上は4の18乗の約700億塩基対に1ヵ所程度で現れ、哺乳類のゲノムであれば1ヵ所だけを切断することが可能である。しかし、18塩基の塩基配列はI‐SceIに特異的な塩基配列であり、自由に標的配列を選ぶことができない。そのため、目的の遺伝子を切断するメガヌクレアーゼの開発は困難であった。現在、一部企業では、メガヌクレアーゼの改良が進められているが、認識できる塩基配列を自由自在に選ぶことまでは難しく、特定の研究に使われるにとどまっている。

第3章 ゲノム編集の誕生

3-1 人工制限酵素（人工ヌクレアーゼ）の開発

目的の塩基配列を切断する制限酵素やメガヌクレアーゼにヒントを得て、研究者は長い標的の塩基配列を選んで切断する酵素の開発を1990年代から進めてきた。この開発では、制限酵素の構造に着目し、人工のDNA切断酵素の作製が試された。制限酵素には、標的遺伝子の塩基配列を認識して結合する領域（DNA認識・結合ドメイン）とDNAを切断する領域（DNA切断ドメイン）が含まれている。このうち、DNA認識・結合ドメインの部分が塩基の形を認識するので、この部分のアミノ酸配列を改変すれば様々な塩基配列に結合させることができると考えられた。

しかし多くの制限酵素は、認識配列内を特異的に切断する性質をもち、2つのドメインが融合あるいは近接していることからDNA切断ドメインのみ単離することが困難であった（図3-1左）。この問題を解決するために使われたのが、制限酵素のFokIである。

FokIは、前述のEcoRIと同じく細菌由来の制限酵素であるが、IIS型とよばれる特殊なタイプで、認識する配列から離れたところを特異的に切断する。この酵素では、DNA認識・結合ドメインとDNA切断ドメインを分離することができたのである（図3-1右）。

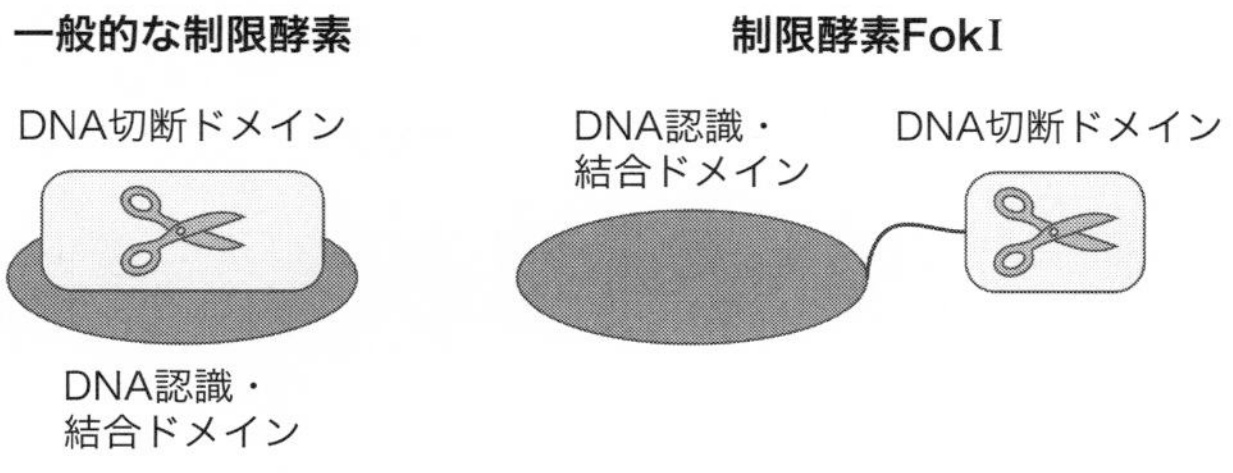

図3-1　人工制限酵素（人工ヌクレアーゼ）の基本構造
多くの制限酵素は、DNA切断ドメインとDNA認識・結合ドメインが融合している。これに対して、ある種の制限酵素はDNA切断ドメインとDNA認識・結合ドメインが機能的に分離している。

このＦｏｋＩからＤＮＡの認識・結合ドメイン機能を完全に分離したＦｏｋＩのＤＮＡ切断ドメインが単離された。この切断ドメインに、任意のＤＮＡを認識できるドメインをオーダーメイドで作製して組み合わせることができれば、標的配列を自由に選ぶことができる。

ＤＮＡ認識・結合ドメインとして脚光を浴びたのが、ジンクフィンガー（zinc finger：「亜鉛の指」という意味）だ。ジンクフィンガーはＤＮＡに結合する性質をもったタンパク質構造で指のような形をしている。多くの転写因子（ＤＮＡの遺伝情報をＲＮＡに転写する過程を促進、あるいは逆に抑制する）などがこの構造をもっている。

ハサミに相当するＦｏｋＩのＤＮＡ切断ドメインとＤＮＡの特定の塩基配列を認識して結合するジンクフィンガーを結びつければ、目的の遺伝子を自在に編集できるようになる。そのアイディアで研究が進められた結果、

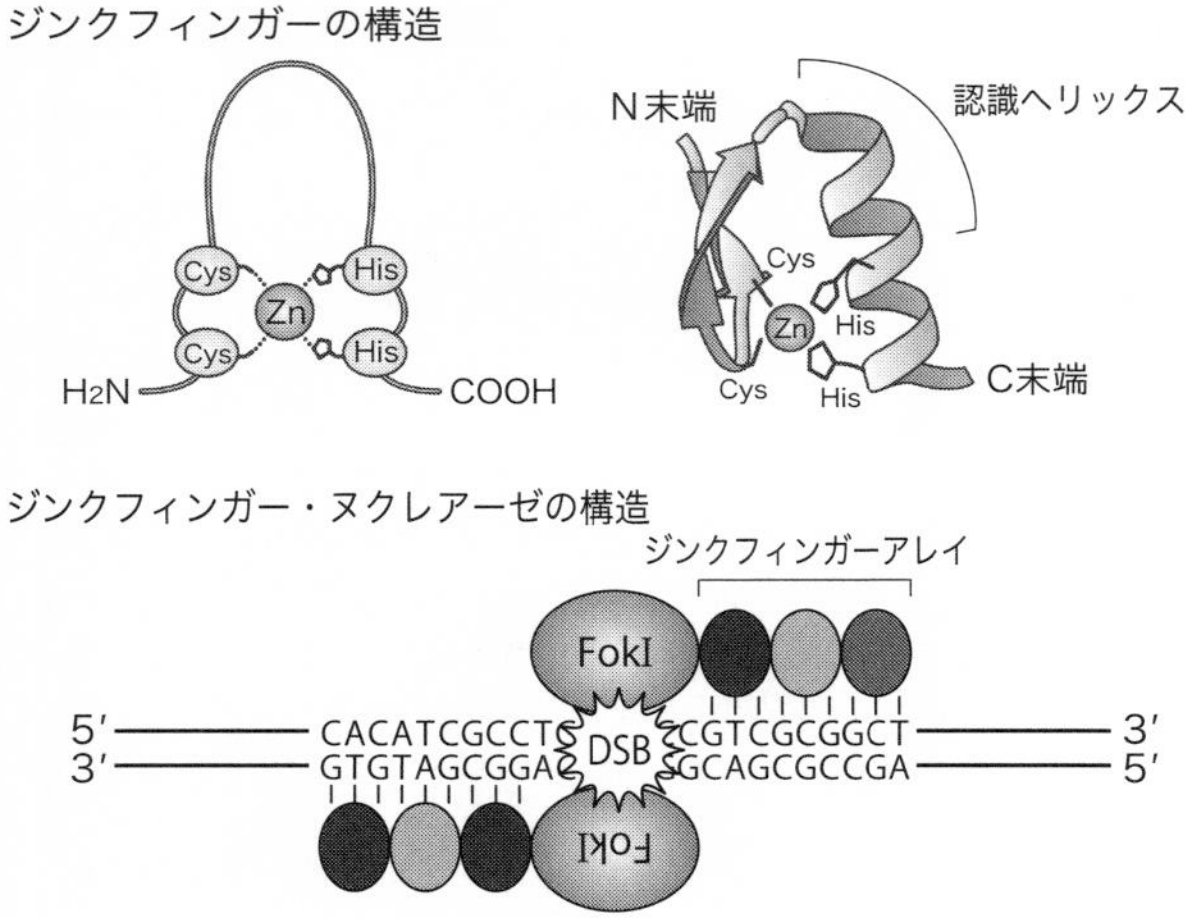

図3-2 ZFNの構造とDNA切断機構

ZFNで利用されるジンクフィンガー（C2H2型）は、２つのシステインと２つのヒスチジンが亜鉛を介して折りたたまれ、指のような形になる。これは２つのシートと１つのらせん（ヘリックス）構造をもち、ヘリックス部分がDNAの塩基配列を認識する。１つのジンクフィンガーは３塩基を認識するので、３つのジンクフィンガーをもつジンクフィンガーアレイは９塩基を認識する。ジンクフィンガーに連結したFokIのDNA切断ドメインは二量体となって働くので、１組のZFNが結合することによって、DNA二本鎖切断（DSB）が導入される。

転写因子のＤＮＡ認識・結合ドメインであるジンクフィンガーを使った人工制限酵素（人工ヌクレアーゼ）が１９９６年に初めて開発され、ジンクフィンガー・ヌクレアーゼ（ZFN：zinc-finger nuclease）と命名された（図３－２）。ＺＦＮは、任意の塩基配列を編集できる第一世代のゲノム編集ツールとなった。

ＺＦＮで利用されるジンクフィンガーは、さまざまな生物の転写因子がもつＣ２Ｈ２型ジンクフィンガーが利用されている（図３－２）。転写因子は、特定の遺伝子群の調節領域にある塩基配列に対するＤＮＡ認識・結合ドメインをもっており、多くの種類のＺＦタンパク質が知られていた。この自然界のＺＦタンパク質のもつＤＮＡ認識・結合ドメインとＤＮＡ切断ドメインを組み合わせることによって、人工ＤＮＡ切断酵素を初めてデザインすることが可能になったのである。

１つのジンクフィンガーは、約30アミノ酸残基からなり、３塩基を認識・結合することができる。このジンクフィンガーを３～６個連結することによって、９～18塩基を認識するＺＦＮの作製が可能である。

ＺＦＮは、１ペア（二量体とよばれる）で標的箇所に切断を導入する。切断された部分は、細胞内の様々なＤＮＡ二本鎖切断修復経路を介して修復されるが、その過程で狙った改変を行う（３－４に詳述）。仮に３個のジンクフィンガーをもったＺＦＮをペアで使えば、３（ジンクフィンガーの数）×３（ジンクフィンガー1個が認識する塩基の数）×２（１ペア）＝計18塩基を標的配列とすることができる。18塩基の特異的な配列は、理論上約７００億塩基の長さの塩基配列に1ヵ所にしか現れない。ゲノムサイズは、生物によって異なるが、比較的サイズの大きいヒトのゲノムでも31億塩基対である。そのため理論上、ＺＦＮを使って多くの生物種でゲノム中に１ヵ所のＤＮＡ二本鎖切断を誘導できる。ＺＦＮを使った二本鎖ＤＮＡ切断の導入は、２０００年以降に培養細胞、動物や植物で報告されてきたが、広く利用されるには至らなかった。これは、ＺＦＮの作製過程が煩雑で作製には高い技術を必要とすることや、受託作製に高額な費用が必要であったことが理由である。

加えて、ジンクフィンガーが認識する塩基配列はＧＮＮ（Ｎはどんな配列でもよい、すなわちＧＴＴ、ＧＡＡ、ＧＧＧ、ＧＣＣは認識できる）という特異性を有しており、標的配列を制限なしに自由に選ぶことが難しいという問題もあった。筆者のグループは、10年前にＺＦＮを作製する方法を確立し、多くの研究者に研究のために供与してきた。しかしながら、作製に時間がかかることから現在では作製は行っていないが、一部企業の受託作製によって入手は可能である（現在は比較的安価に合成してもらうことができるようになっている）。

ＺＦＮに続いて開発された第二世代の人工制限酵素が、植物病原細菌のキサントモナスとよばれる細菌類がもつテール（TALE：transcription activator-like effector）タンパク質を利用したテ

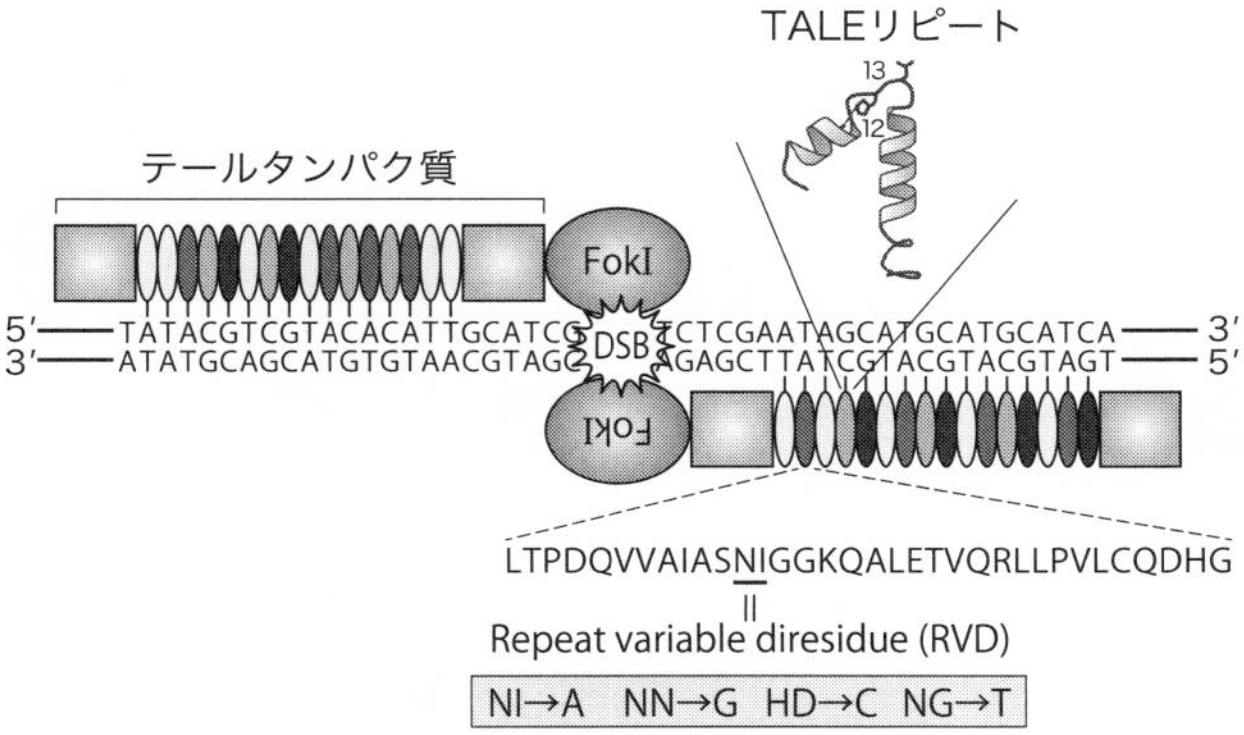

図3-3　ターレンの構造とDNA切断機構

ターレンは、テールタンパク質とFokIのDNA切断ドメインから構成される。テールタンパク質の中心には繰り返し配列（テールリピート）があり、１つのリピートは34～35アミノ酸残基からなり、２つのらせん（ヘリックス）構造をもっている。12番目と13番目のアミノ酸残基はRVDとよばれ、この部分の配列の違いによって結合する塩基が異なる。ZFNと同様に、ターレンは二量体となって働くので、1組のターレンが結合することによって、DNA二本鎖切断（DSB）が導入される。

ールヌクレアーゼ（TALEN《ターレン》）であり、２０１０年に初めて報告された（図３－３）。

テールタンパク質は、キサントモナスが菌内で合成し、植物細胞へ直接送り込む。テールは、キサントモナスがタバコ（煙草の原材料となるタバコの葉のこと）など植物の細胞への感染を促進するように、植物遺伝子の転写を調節することが知られている。

テールタンパク質は、34～35アミノ酸を１つの単位とするリピート（繰り返し）構造をもっている。リピートはほとんど同じアミノ酸配列（12番目と13番目のアミノ酸を除く）から構成されている。1リピートはＤＮＡの1塩基を認識して結合し、4つの塩基とそれぞれ結合できる。12番目と13番目のアミノ酸配列の異なるタイプのリピートが見つかっており、目的の塩基配列に合わせたテールリピートを作製することができる。

このテールリピートに制限酵素ＦｏｋＩのＤＮＡ切断ドメインを連結させたものがターレンで、ＺＦＮと同様に1ペアで標的配列に二本鎖ＤＮＡ切断を導入し（図3－3）、修復過程でゲノム編集を行うことが可能である。ＺＦＮより作製が簡便で、ターレンは、1ペアで30塩基程度の認識特異性で切断することができ、正確性が高く安全という利点がある（ＺＦＮは1ペアで18塩基の認識特異性があるので、意図せぬ部分を編集するリスクが高くなる）。

筆者のグループは、テールリピートのアミノ酸配列の改良によって切断活性の高いプラチナターレン（Platinum TALEN）を作製し、これを利用したさまざまな生物での遺伝子改変に成功している。プラチナターレンに使われているテールでは、4番目と32番目のアミノ酸に改変を加え、切断活性を高めている。

２０１１年にターレンの簡便な作製法（ゴールデンゲート法）が開発され、当時はＺＦＮに代わってターレンが主要な人工のＤＮＡ切断酵素になると思われたが、２０１２年の新しいゲノム編集システムであるクリスパー・キャス9の開発によって、その予想は覆された。ＺＦＮとターレンなどの人工制限酵素は、ゲノム編集のために開発された道具であることから、その後開発されたクリスパー・キャス9も含めてゲノム編集ツールとよばれている。

3-2 クリスパー・キャス9（CRISPR-Cas9）の登場

前述のように第一世代のゲノム編集ツールＺＦＮや第二世代のターレンなどの人工制限酵素型のゲノム編集ツールは、タンパク質のＤＮＡ認識・結合ドメインによって結合する。

これに対して、２０１２年に開発が発表された、クリスパー・キャス９（clustered regularly interspaced short palindromic repeats-CRISPR associated protein 9:CRISPR-Cas9）は、タンパク質ではなく、案内役として働く短い鎖のＲＮＡとの塩基対形成によって標的遺伝子に結合し、ＲＮＡと複合体を作るＤＮＡ切断酵素によってＤＮＡ二本鎖切断が導入できる新しいシステムである。この第三世代のゲノム編集ツールは、ＺＦＮやターレンに比べて圧倒的に使いやすく、基礎研究では低コストで利用できるため、短期間で普及した。

標的となる塩基配列を探し出して、二本鎖を切断するという基本的な作用は、クリスパー・キャス9も、ＺＦＮやターレンと変わることがない。両者とも、二本鎖ＤＮＡの塩基配列の読み取り部とＤＮＡを切断するハサミの複合体である。ただし、ハサミの部分はいずれもタンパク質だが、読み取り部分が旧世代のゲノム編集ツールはタンパク質であるのに対して、クリスパー・キ

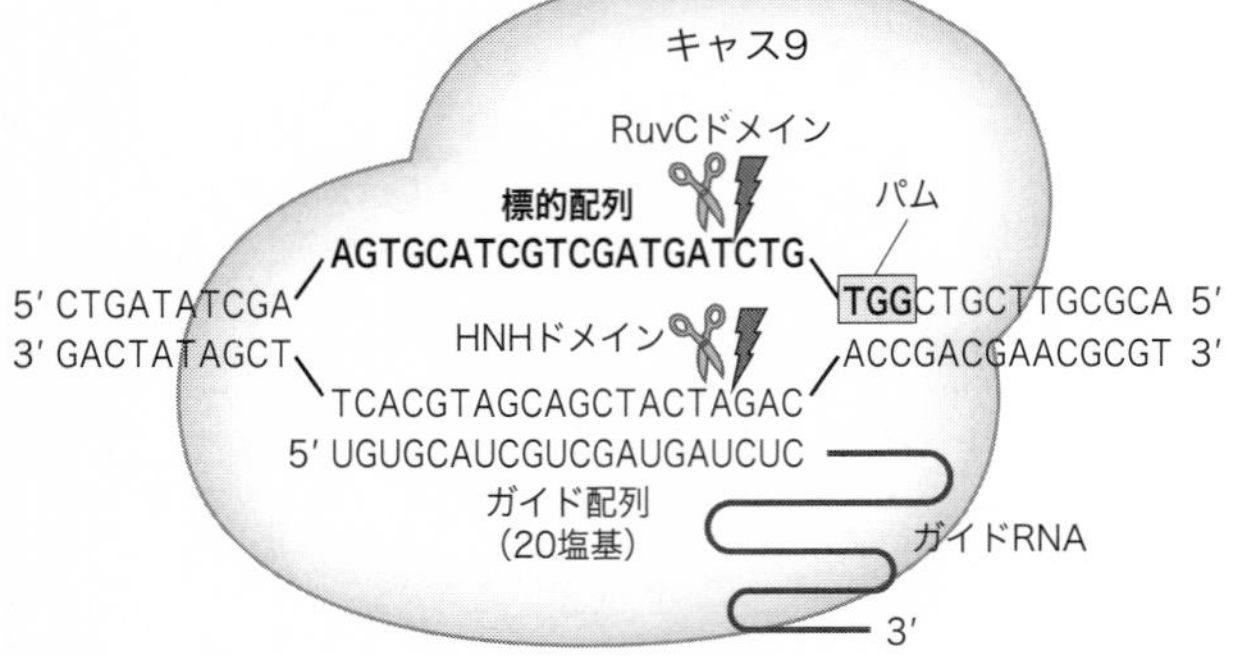

図3-4 クリスパー・キャス９の構造とDNA切断機構

ガイドRNAとキャス９タンパク質の複合体は、ガイドRNAと標的配列との塩基対形成によって結合する。キャス９は、RuvCドメインとHNHドメインとよばれるDNA切断ドメインによってDNA二本鎖切断（DSB）を導入する。

ャス９ではＲＮＡを用いている。

通常ＲＮＡは、一本鎖の状態で細胞内に存在する。ＲＮＡと一本鎖のＤＮＡは塩基対を形成できるが、細胞の中のＤＮＡは二重らせん構造を形成しており、ＲＮＡとは結合することができない。しかし、クリスパー・キャス９では、二本鎖のＤＮＡを解離して、ＲＮＡと結合させるのである（図３‐４）。

それでは切断はどうやって行われるか？これは、ＲＮＡと結合して複合体を作っているＣａｓ９ヌクレアーゼ（キャス９）とよばれる酵素が２つのＤＮＡ切断ドメイン（RuvCドメインとＨＮＨドメイン）をもっており、それぞれのドメインがＤＮＡ鎖を切断する。

クリスパー・キャス9では、標的の読み取り部分として働くgRNA（ガイドRNA）とよばれる短鎖RNAとキャス9の複合体を細胞に導入するだけで、標的遺伝子へDNA二本鎖切断を導入することができる。ガイドRNAとは、文字通り、ハサミ役のキャス9を標的配列までガイド（案内）する役割を担っている。このガイドRNAを意図するような配列で作製できれば、理論的にはありとあらゆる配列を編集できることになる。

RNAとDNAの結合は20塩基の長さであるため、さまざまな生物において全ての遺伝子について DNA二本鎖切断を導入する実験の計画も可能である。簡便さと効率性も考慮すると、クリスパー・キャス9は、汎用的なゲノム編集ツールと考えられる。

旧世代のゲノム編集ツールは、標的とする塩基配列を読み取るためのタンパク質をオーダーメイドしなければならなかった。標的とする塩基配列が変われば、その都度、別の読み取り用のタンパク質を作らねばならない上に、作製方法が煩雑で簡単に作ることができなかった。クリスパー・キャス9では、この読み取り部をRNAで作製できる。標的とする塩基配列に合わせてオーダーメイドで作る必要がある、という点で同じだが、タンパク質に比べてRNAのほうがはるかに簡便に作製できる。必然的に低コストで済むので、簡便さと効率性も考慮すると、クリスパー・キャス9は、究極のゲノム編集ツールと言っても過言ではない。

本来、クリスパー・キャス9は、古細菌や真正細菌の獲得免疫機構を利用したシステムであ

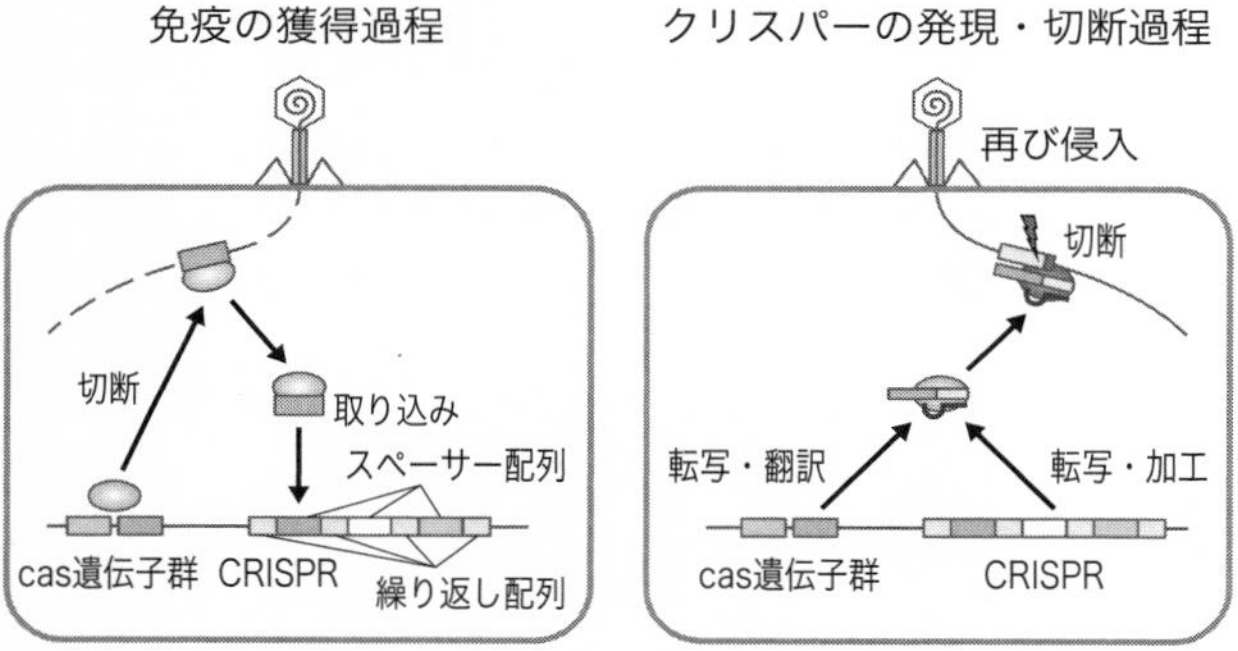

図3-5　クリスパー・キャス9による獲得免疫

ウイルスが感染するとcas遺伝子の発現によってウイルスDNAが短く切断される。切断されたDNAはクリスパー遺伝子座へ取り込まれる（免疫の獲得過程）。その後、ウイルスが再び感染すると、ウイルスの配列をもったRNAがクリスパー遺伝子座から合成され、キャス9と複合体を作りウイルスDNAを切断する（クリスパーの発現・切断過程）。

る。獲得免疫というと、ヒトを始めとした哺乳動物の専売特許のように思われる方が多いが、近年の研究で、動物だけではなく、植物や細菌類に幅広く存在することがわかってきた。細菌は、その他の生物と同様にウイルスに感染すると、増殖によって細胞が破壊される危機にさらされる。

そのため細菌は、ウイルスに感染すると、菌内に侵入したウイルスDNAを切断して不活性化するが、その一方で再びそのウイルスが入ってきた場合に備えて、断片化したDNAを細菌ゲノム中のクリスパー遺伝子座に取り込む（図3－5）。そして、再びウイルスが侵入すると、クリスパー遺伝子座に取り込んだDNAと同じ塩基配列をもつRNAを転写し、そのRNAと

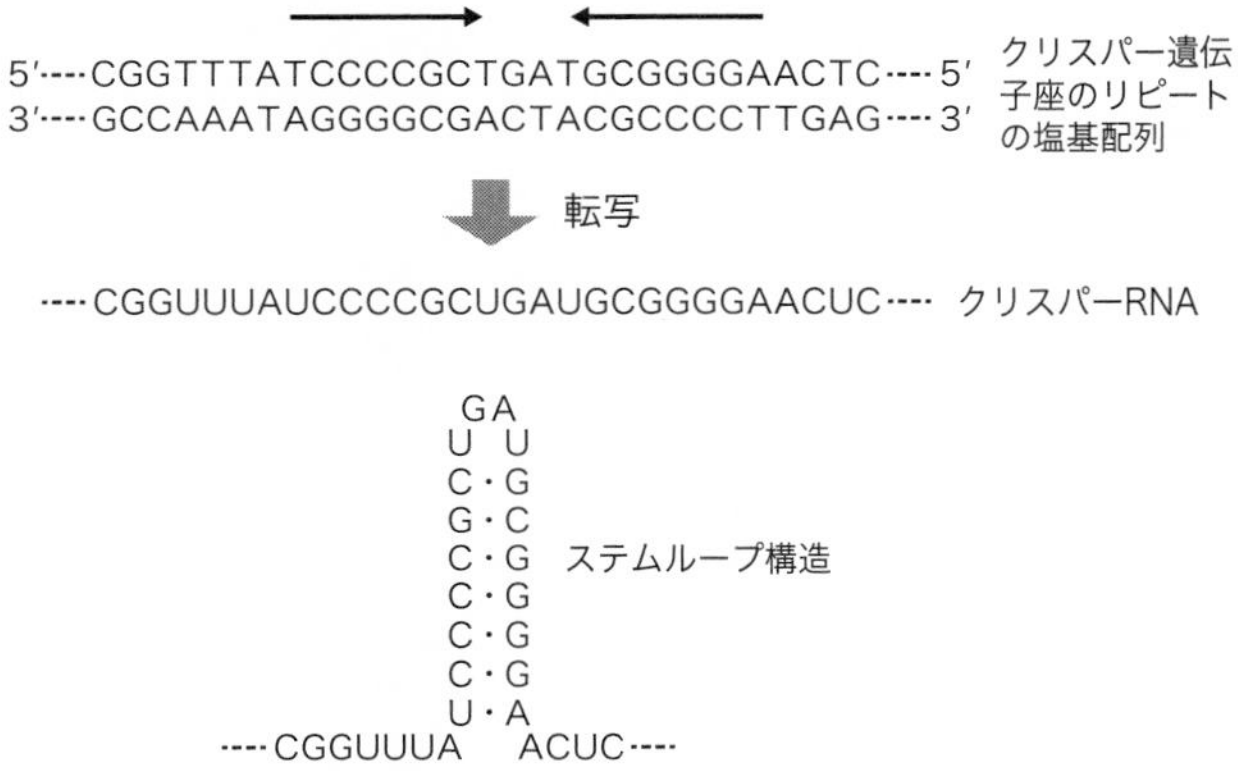

図3-6　回文配列を含む繰り返し配列の一単位
大腸菌のiap遺伝子の近傍に見られるクリスパー遺伝子座の繰り返し配列の１つを示す。矢印部分が回文配列となり、転写されたRNAはステムループ構造が形成される。

Ｃａｓのような切断酵素を利用してウイルスを切断するのである。

細菌ゲノムの中にあるクリスパー遺伝子座は、きわめてユニークな塩基配列をしている。実はクリスパー（CRISPR）の名はこの特異な配列構造に由来する。CRISPRは clustered regularly interspaced short palindromic repeatsの頭文字をとった略称だ。直訳すると、「小さなかたまりとなった規則的に間隔を空けた短い回文配列の繰り返し」だ。回文とは、日本語では「タケヤブヤケタ」のように前から読んでも後ろから読んでも同じように読める文章のことをいうが、ＤＮＡの回文配列では二本鎖構造をとるＤＮＡ上の塩基配列が、片方の鎖をある方向から読んだ配列と、対をなす配

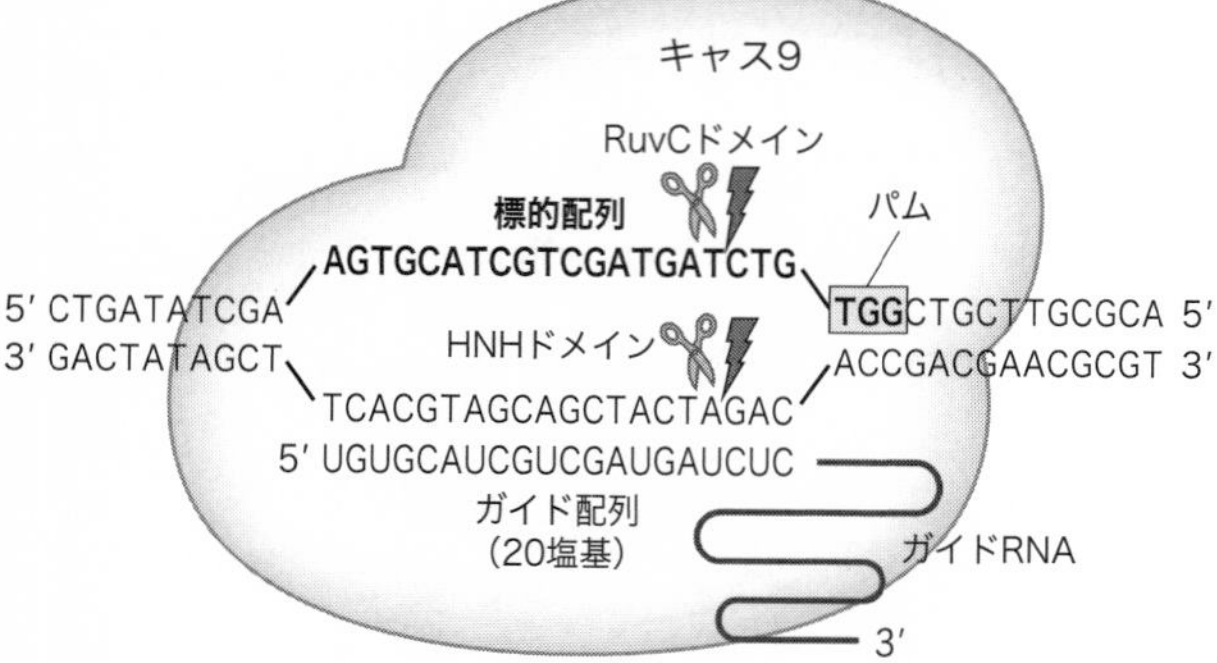

図3-4 クリスパー・キャス9の構造とDNA切断機構（再掲）
ガイドRNAとキャス9タンパク質の複合体はパムを認識し、これを起点としてガイドRNAと標的配列が塩基対を形成する。SpCas9のパムは5′-NGG-3′である（Nはどんな配列でもよい）。

列を逆方向に読んだ場合の配列が一致する場合のことをいう（図3－6）。

クリスパー遺伝子座では、こうした回文配列とスペーサーとよばれる配列が交互に繰り返される。実は、スペーサー部分に細菌に感染したウイルス由来のDNAが挿入されている。言うなれば、スペーサー配列は感染ウイルスの免疫記憶を保存するライブラリーのようなもので、この機構があるために、再び同じウイルスに感染した場合に即座にウイルスのDNAを切断するためのRNAを作ることができる。我々のもつ獲得免疫機構と同じように細胞を防御するシステムが、クリスパー機構に他ならない。

しかし、ウイルスの遺伝子を切断するこのシステムは1つ間違えると、細菌自身のゲノムを切断することにもなりかねない。そのため、ウイルスの配列であることを認識する配列としてプロトスペーサー隣接モチーフ（ＰＡＭ《パム》：proto-spacer adjacent motif）とよばれる短い配列が目印となって敵の配列と自分の塩基配列を区別している（図３-４）。クリスパーでは、一般的にパムの近くで切断が起こる。

最初に発表されたクリスパーは、化膿レンサ球菌（*Streptococcus pyogenes*）のキャス９（ＳｐＣａｓ９）を利用したシステムとして報告されたが、ＳｐＣａｓ９のパムは5'-NGG-3'（前述したように、Ｎはどんな配列でもよい）である。

パムが存在すると、ガイドＲＮＡとハサミをもつキャス９タンパク質の複合体が二本鎖ＤＮＡを解離する。そして複合体を形成しているガイドＲＮＡが解離したＤＮＡと塩基対を形成すると、キャス９が二本鎖ＤＮＡを切断する（パムから３塩基離れた部分を切断する）。

そのため、ゲノム編集では、パムとして利用できる配列を対象生物種のゲノム情報から検索し選び出し、パムとして利用できる配列の近くの配列にガイドＲＮＡを作製すれば、パムから３塩基離れたところで切断することができる。ＳｐＣａｓ９のパムのＧＧ配列（あるいは相補鎖のＣＣ配列）は、ゲノム中であればどの遺伝子配列にも含まれるので、クリスパー・キャス９を使って全ての遺伝子に特異的にＤＮＡ二本鎖切断を介した変異導入が可能である。

現在では、キャス９の立体構造の解析からパムの認識に関与するアミノ酸残基を改変することによって、これまでとは異なるパムを認識するキャス９変異体が多数作製されている。特に注目されるのは東京大学の濡木理博士らが開発したSpCas9-NGとよばれる変異体で、パムは5′-NG-3′で高い切断活性を有する。前述したとおりNはどの塩基配列でも構わないことを意味しているので、GあるいはCさえ含んでいればキャス9がガイドRNAで指定した標的配列を切断できる。つまり、もはやパムの有無は気にしないでゲノム編集が可能となってきたのである。また、多くの細菌種から異なる種類のキャスタンパク質が単離され、さまざまな配列のパムを利用したゲノム編集も可能となっている。

クリスパー配列は、もともと日本の研究者によって大腸菌から発見された(現九州大学教授の石野良純博士)。1987年当時、石野氏がある遺伝子の配列を解析していたところ、その近くにユニークな繰り返し配列が存在することに気づき、これを報告した。しかし、この繰り返し配列の機能については当時全く明らかにされなかった(技術的に難しかったことが主な理由である)。

その後、クリスパー遺伝子座にウイルス由来の配列が組み込まれていることから、取り込んだ配列を利用した免疫システムが存在するのではないかと考えられるようになった。さらに、クリスパー配列からRNAが転写されることが明らかになり、この領域が細菌の獲得免疫に働くことが海外のグループを中心に解明された。

生化学者のジェニファー・ダウドナ博士と微生物学者のエマニュエル・シャルパンティエ博士

らを中心に、クリスパーがゲノム編集ツールに応用できることが証明されたのは、配列の発見から25年後のことであった。2人は、2つの短いRNA分子からなるRNAハイブリッドを連結したシングルガイドRNA（本書ではシングルガイドRNAもガイドRNAとする）を開発し、ガイドRNAとCas9を使えばゲノム編集を簡便に行うことができることを2012年に『サイエンス』誌に発表し、世界中を驚かせた。2人の発表から数ヵ月後に、リトアニアのビリニュス大学（Vilnius University）のグループからもクリスパーを使った標的遺伝子の切断システムが報告されている。これまでZFNやターレンのようなタンパク質での認識ツールは、作製が煩雑で研究者でも作るのが難しかった。さらに大量に作ることも困難であったため、原理的にはゲノム編集が多くの生物種で可能であっても、遺伝子を改変する技術として広がらなかった。これに対してクリスパー・キャス9で利用するガイドRNAの作製は簡便で、Cas9タンパク質も試薬メーカーから安価に供給されるようになってきた。このような状況で、クリスパー・キャス9が汎用的なゲノム編集ツールとして利用されることは自然な流れであったと言える。

3-3 ゲノム編集はどうやって行うのか？

ゲノム編集は一体どんな操作で行うことができるのだろうか？　DNAは、細胞の核の中に収納されているので、ゲノム編集ツールを細胞の中に入れることができれば、核の中にゲノム編集ツールを取り込ませ、目的の染色体の中の目的の遺伝子ＤＮＡを容易に切断することができる。例えば、研究で使われる培養細胞は、培養液中で増殖させるが、この培養液の中にゲノム編集ツールを特殊な試薬と混合して入れるだけで操作は終了する（図３－７）。

ゲノム編集ツールはさまざまな形状（ＤＮＡ、ｍＲＮＡあるいはタンパク質）で使うことができる。例えば、ターレンをＤＮＡとして導入する場合、細胞の中で転写と翻訳が起こるようにしておけば、ターレンタンパク質が細胞内で標的遺伝子を切断する。また、あらかじめ試験管内で作製したターレンのｍＲＮＡを培養細胞へ導入することも可能である。導入されたｍＲＮＡは細胞内でターレンタンパク質に翻訳されて働く。

クリスパー・キャス９も同様に形状を選んで導入できるが、最近ではキャス９とガイドＲＮＡの複合体（ＲＮＰとよばれる）を調製して、これを細胞へ導入する方法が主流となりつつある。培養細胞であれば、導入後３日間くらい培養を続ければ、その間にＤＮＡの切断と修復が繰返され、目的の遺伝子に変異を導入することができる。もちろん、ゲノム編集ツールは、標的とする遺伝子ごとに作る必要があるので、準備には知識や技術が必要となるが、操作自体はとても簡単である。

ヒトを含めて動物の受精卵であれば、細い針を使って顕微鏡下でゲノム編集ツールを注入でき

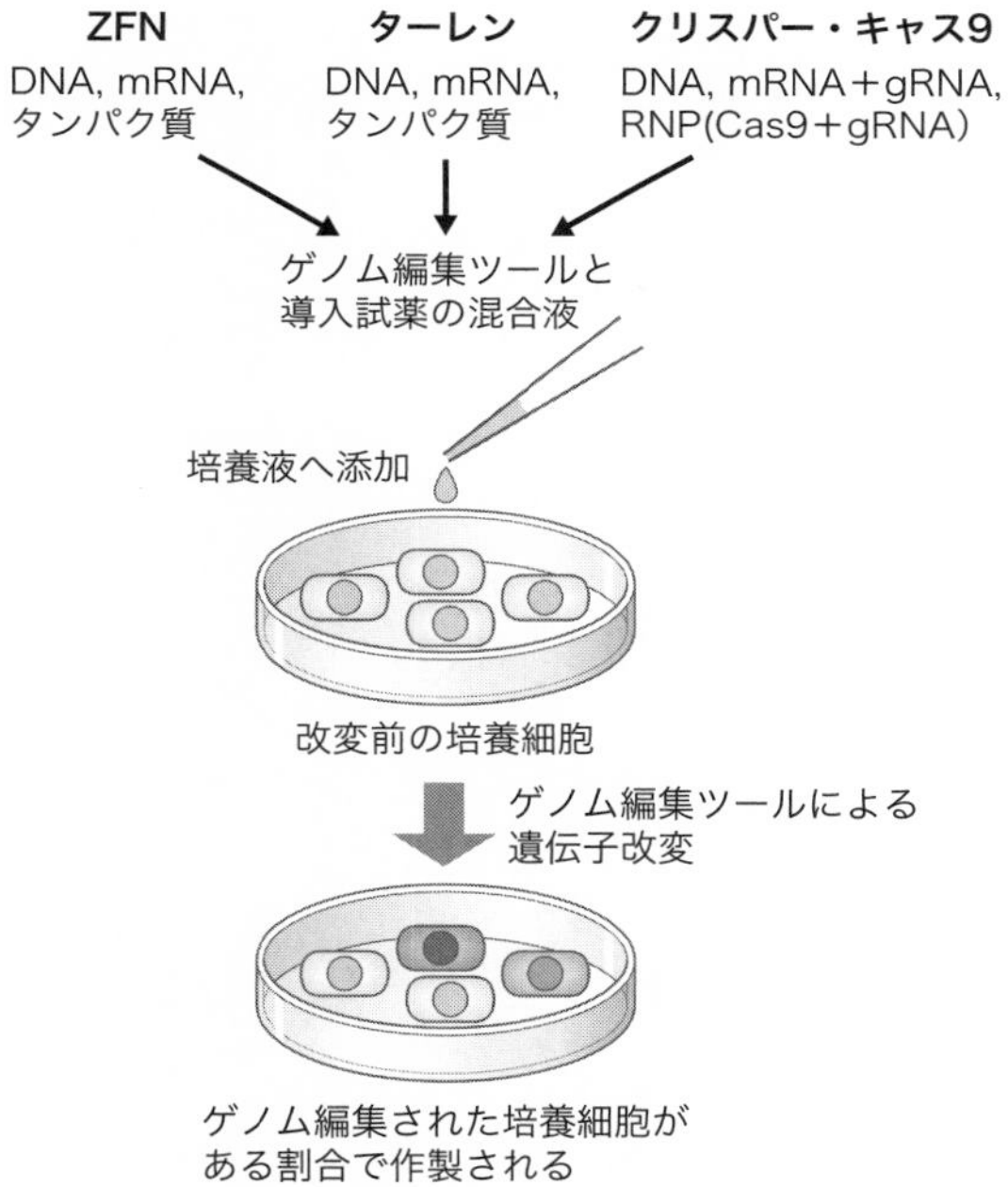

図3-7　培養細胞でのゲノム編集の具体的な操作

ゲノム編集ツールはさまざまな形状（DNA、mRNA、タンパク質）で導入できる。培養液へ添加することによって、ZFNやターレンはタンパク質、クリスパー・キャス９はキャス９とガイドRNA（gRNA）の複合体（RNP）が細胞内で作られ、核の中で目的の遺伝子にDNA二本鎖切断を導入する。培養細胞にはさまざまなタイプの変異（欠失や挿入）が入る。

る。一方、植物は、厚く頑強な細胞壁があるため、培養細胞や動物の受精卵のように簡単にはゲノム編集ツールを導入することができない。そのため、植物独自の導入方法が利用される（詳しくは第5章、5－3）。

クリスパー・キャス9に必要なキャス9やガイドRNAは、多くの試薬メーカーから販売されている。日本国内では、これらのツールは、設備の整った研究機関で入手できるが、ゲノム編集の研究には、基本的な実験に遺伝子組換え実験が含まれ、実験設備を有していない施設では行うことができない。最近テレビ等で、米国での自宅のバイオ実験（ＤＩＹバイオ）で遺伝子組換え実験やゲノム編集を実施する映像を見ることがあるが、日本国内では、遺伝子組換え実験は遺伝子組換え生物等の使用等の規制による生物の多様性の確保に関する法律（カルタヘナ法）によって規制されているので、許可を受けた施設で実験を行う必要がある。

3－4 ゲノム編集でどんなことができるのか？

ゲノム編集は、標的とする遺伝子へＤＮＡ二本鎖切断を導入して、細胞のもつ遺伝子修復機構を利用して目的の改変を行う技術である。遺伝子の修復過程でミスが起こると、遺伝子の情報が変化して、目的のタンパク質が作られなくなり、機能が失われてしまう。例えば、一塩基がゲノ

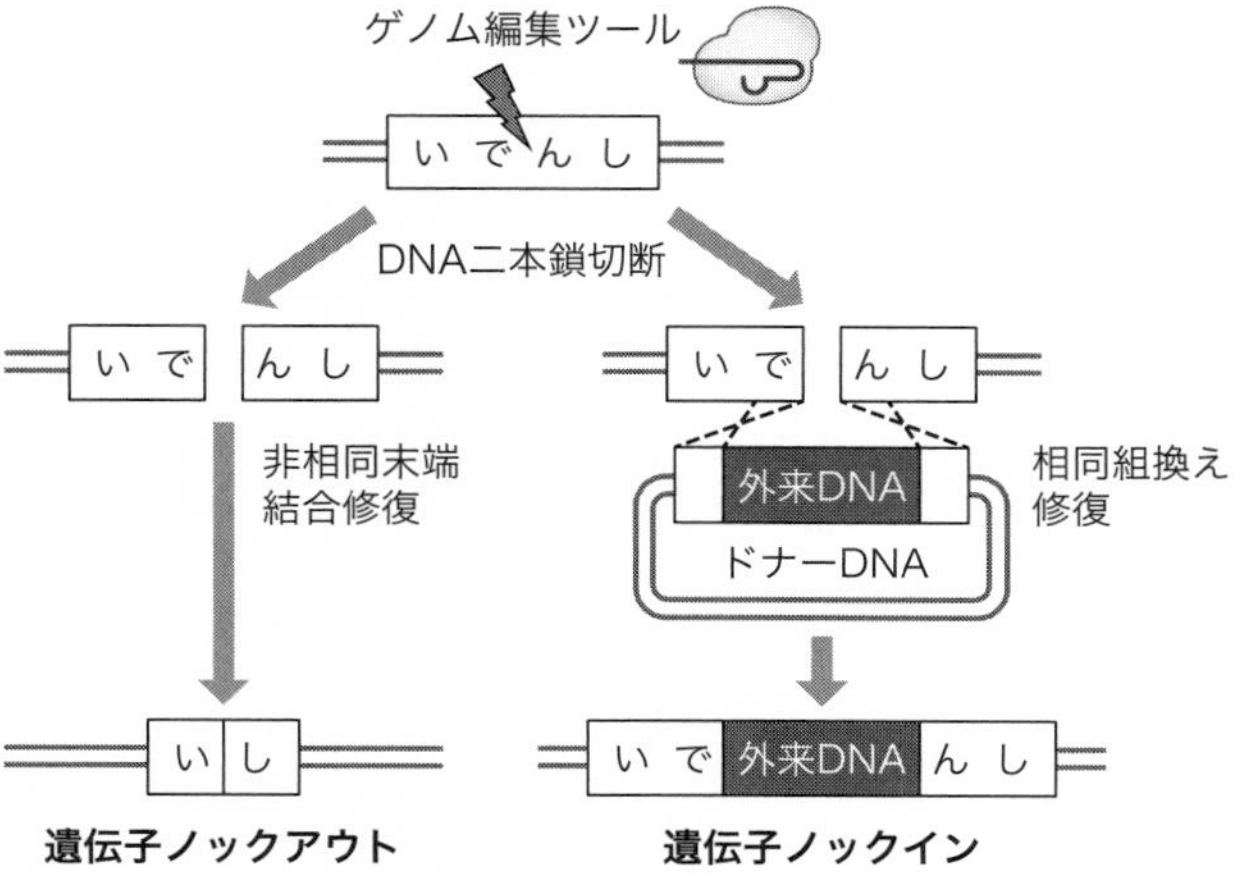

図3-8　遺伝子ノックアウトと遺伝子ノックイン
ゲノム編集ツールによって目的の遺伝子（図では“いでんし”としている）を切断する。NHEJ修復では切断部分から削られて、つながる欠失変異（“で”と“ん”の部分が欠失）となる。HR修復では、相同配列を両側にもった外来遺伝子（左側に“で”，右側に“ん”の部分）が、相同配列を介して挿入される。

ム編集で欠失すると、図1－11下のようにアミノ酸配列の読み枠にずれが生じ、途中から本来コードされているアミノ酸配列とは異なる配列になってしまう。このようなメカニズムを逆手にとって、変異導入によってタンパク質の機能を喪失させる操作を、遺伝子ノックアウトとよんでいる（図3－8）。研究者は、生命現象を解き明かすために、遺伝子をノックアウトすることによって、遺伝子の働きを知ることができる。

　また、塩基の置換による変異では、アミノ酸が変化する変異が入り、これによってタンパク質の機能が低下することがある。これら変異の導入によって、基礎研究では、遺伝子の機能を明らかにすることができる。応用分野では、品種改良での有用品種の作出や有用物質を産生する微生物の作製、創薬や治療の研究など、アイディア次第で応用の可能性は無限大である。

ゲノム編集では、遺伝子ノックアウトに加えて、切断した箇所に本来存在しない塩基配列（外来遺伝子）を挿入する遺伝子ノックインができる。挿入する配列は研究者がドナーDNAとして準備して、ゲノム編集ツールと一緒に細胞に入れてやれば、相同組換え修復によって切断箇所に正確に入れることができる（図３‐８）。

挿入できる長さは、数塩基の短いものから10万塩基対の長いものまで、研究レベルではさまざまであるが、長いほど成功率が低くなる傾向がある。遺伝子ノックインにノーベル化学賞受賞者の下村脩博士が発見した緑色蛍光タンパク質（ＧＦＰ）遺伝子を使うと、生きた細胞の中で、遺伝子の働く細胞を追跡することが可能になる。ＧＦＰタンパク質は筒のような形をしており、青い波長の光を受けると緑色の蛍光を発する性質がある。ＧＦＰでは筒の中に作られる発色団が、周囲の環境から守られることによって安定的な蛍光を発する。例えば、がん細胞のみにＧＦＰタンパク質が作られるように工夫しておけば、がん細胞の移動を追跡することもできる。また、タンパク質にＧＦＰを連結することによって、目的のタンパク質が細胞内のどこに存在するのかを生きた細胞や生物個体で観察することも可能である。近年、ＧＦＰのアミノ酸配列を改変した様々な色の蛍光を発する変異体が作製されており、ＧＦＰの改変体はライフサイエンス研究には必要不可欠な研究ツールとなっている。

前述の遺伝子ノックアウトと遺伝子ノックインは、１ヵ所を切断することで改変する技術であるが、細胞内で同時に２ヵ所を切断することによって、遺伝子を大きく改変することもできる。同じ染色体上の２ヵ所を切断することによって、挟まれた部分の領域（~100kb）をごっそり除けることが培養細胞や生物個体で報告されている。このような大規模な欠失は、ヒトでは一部の精神疾患（統合失調症や自閉症）の原因変異としても知られ、ゲノム編集によって同じタイプの変異を培養細胞や実験動物で再現し、治療のための研究を行うことも将来可能になるであろう。

異なる染色体をそれぞれ切断する場合には、転座とよばれる染色体変異を誘導することも可能である。ある種のがん細胞では、決まった箇所で転座が起こり、この転座によって融合した部分に新しいタンパク質が生み出され、がん細胞の増殖を促進する（第１章図１－13参照）。このような転座を培養細胞や動物へ導入したがんモデルを作製し、がんの治療や治療薬を開発する研究に利用することが可能となっている。

3-5 遺伝子組換えとゲノム編集の違いは何か？

前述のようにゲノム編集は遺伝子ノックアウトと遺伝子ノックインを選んで利用することができる技術である。このうち、遺伝子ノックアウトは、外来ＤＮＡが挿入されない場合は、自然突然変異と同じレベルの変異を細胞や個体に導入することができる。自然突然変異では、紫外線や自然放射線などによって遺伝子が切断され、短い塩基の欠失や挿入などの変異が起こる。

そのため、外来塩基配列が挿入されないゲノム編集技術で作出された生物は、既存の突然変異育種での変異導入で作られたものと区別することは難しい。また、数塩基の挿入（外来の核酸に由来しない）が起こるような遺伝子ノックアウトも、自然界で起きる挿入と区別することは難しい。

そもそも遺伝子組換えとはどのような技術のことを指すのか？　１９７０年代に開発されたこの技術は、本来その生物がもっていない塩基配列のＤＮＡを微生物や動植物に導入して保有させる技術である。例えば、遺伝子組換え大腸菌を作るためには、プラスミドとよばれる複製可能な環状ＤＮＡにヒトのＤＮＡを連結した融合プラスミドを試験管内で作製する。これを大腸菌に戻し、プラスミドを増殖させると、その大腸菌はヒトのＤＮＡを有する遺伝子組換え生物となる

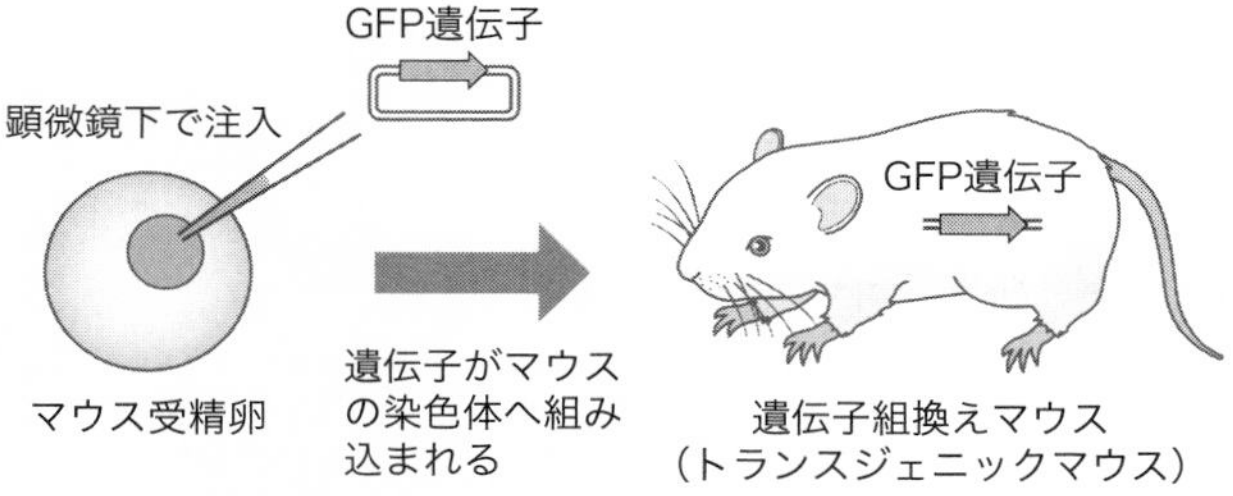

図3-9　遺伝子組換えマウス

（図2－5）。

大腸菌のゲノムDNAそのものに外来の遺伝子を組み込んだ場合も遺伝子組換えである。また、マウスの受精卵にオワンクラゲのGFP遺伝子を顕微注入すると、マウスのゲノム中にGFP遺伝子が組み込まれ、青い光を当てると緑に光るマウスとなる。このマウスは、オワンクラゲの遺伝子をもっているので、遺伝子組換えマウスとなる（図3－9）。遺伝子組換えは、日本国内では作物品種での利用について非常に悪いイメージをもたれてしまっているが、有用な遺伝子をノックインし、生物に新しい形質を付与する優れた技術である。

このように説明していくと、遺伝子組換えは、外来DNAを挿入するという点においては、ゲノム編集の遺伝子ノックインと基本的には同じである。しかし、旧来の遺伝子組換えでは外来DNAを動物の卵に入れてやると、ゲノム中のどこかの場所に入った遺伝子組換え生物となる。これは、DNAの複製過程などで偶然に切断された部分に、導入しておいた外来DNAが

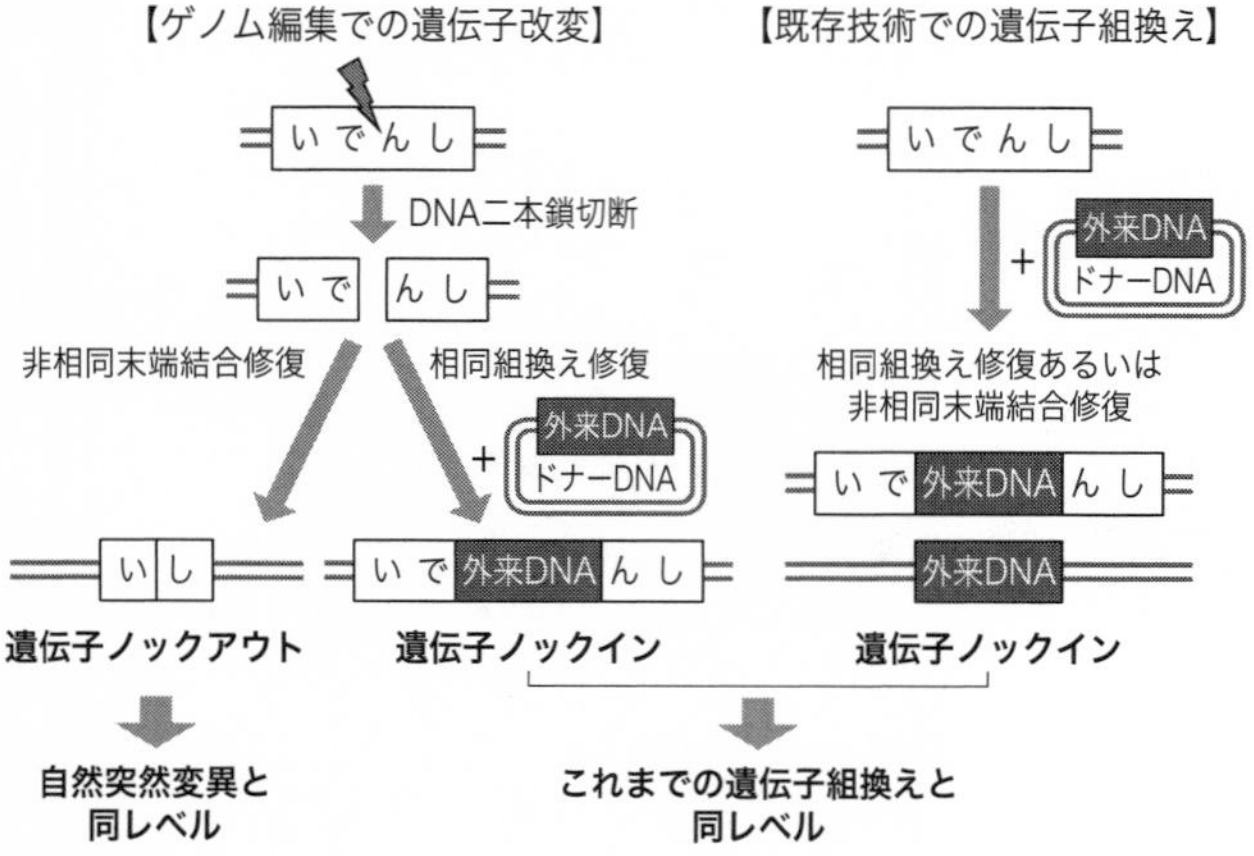

図3-10 ゲノム編集技術と遺伝子組換え技術の関係

取り込まれることで起こる。植物でよく利用されるアグロバクテリウム法によって多くの植物で遺伝子組換えが可能であるが、外来遺伝子をノックインする箇所を選ぶことは難しい。一般的に、複数箇所にランダムに挿入される。このように多くの動物や植物で遺伝子組換え技術を利用することは可能であるが、既存の技術では狙った位置に正確に入れることは難しい（大腸菌や酵母などの微生物では可能であるが、その他の可能な細胞種や生物種では効率がとても低い）。

基本的には、これまでの遺伝子組換えは、外来DNAの複数コピーが偶然に、ゲノム中のどこかに入る場合がほとんどである。このような旧来の遺伝子組換えに対して、ゲノム編集での遺伝子ノックインは、DNA二本鎖切断を狙った箇所へ導入することに加えて、挿入するＤＮＡのコピー数をコントロールできる点でも非常に優れた方法である（図３－10）。

整理すると、ゲノム編集は、（１）自然突然変異と同じレベルの変異を導入することができる技術、あるいは（２）狙って遺伝子組換えを実行することができる技術と言える。（２）に関しては、正確な遺伝子挿入を可能にする方法であるものの、外来ＤＮＡを導入する点では、既存の遺伝子組換え技術と同様なのである。

第4章
生命科学に革命をもたらしたクリスパー

4-1 国内でのゲノム編集技術の進展

ここでは、国内でのゲノム編集研究はどのように進展してきたのか、筆者の進めてきた研究開発を中心に紹介していく。筆者の研究グループ（開発当時は広島大学理学研究科、現統合生命科学研究科）では、発生に必要な遺伝子群とそのネットワークについて興味をもっており、長年バフンウニ（以下ウニ）をモデル生物として研究を進めてきた。ウニでは、ES細胞を作製する方法が確立していないこと、次世代のウニを飼育することが難しいことから、標的遺伝子を直接狙って改変させる遺伝子ノックアウトを利用することができなかった（最近は次世代を得ることは可能となっている）。そのため、遺伝子の機能を調べる方法としては、遺伝子ノックダウンが当時から使われていた（図4－1）。ウニでは、モルフォリノアンチセンスオリゴ（ＭＡＳＯ）とよばれるｍＲＮＡに結合する核酸の類似体を受精卵へ顕微注入し（顕微鏡で観察しながら、細い針を受精卵へ刺し、分子を注入する方法）、ｍＲＮＡの翻訳を抑制する方法が今でも利用されている。

遺伝子ノックダウンでは、遺伝子から転写されたｍＲＮＡに塩基配列特異的に結合する分子によって翻訳を阻害するアンチセンス法を利用する。ＭＡＳＯやｍＲＮＡの相補鎖を利用する。Ｍ

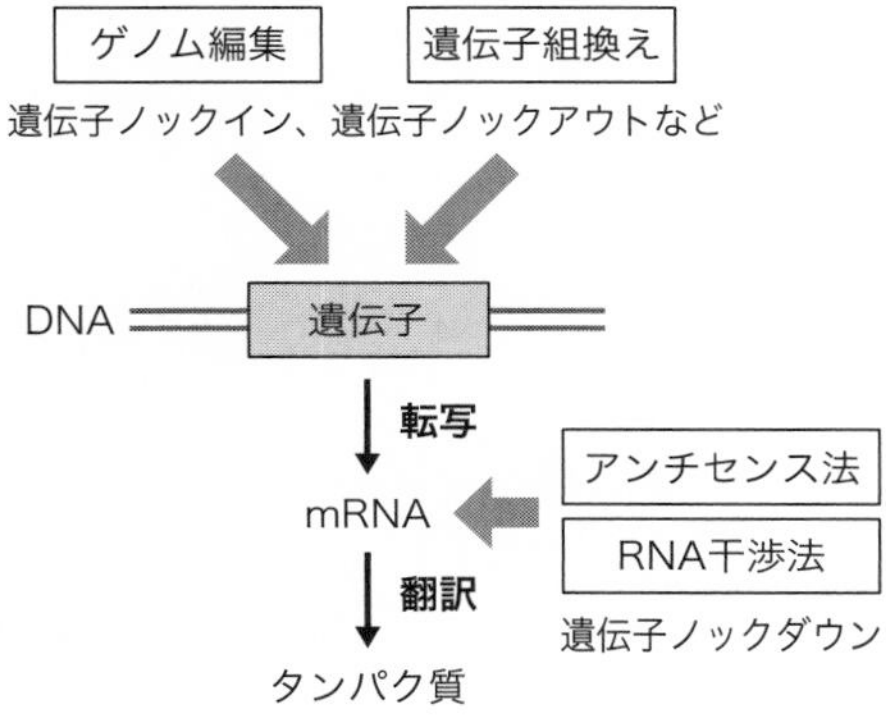

図4-1　遺伝子の機能を調べる様々な方法

ＡＳＯやｍＲＮＡの相補鎖は標的遺伝子ごとに作製が可能なので、標的遺伝子の翻訳を阻害する。

別の遺伝子ノックダウン法としてはＲＮＡ干渉法（ＲＮＡｉ）が有名である。ＲＮＡｉは、短い二本鎖ＲＮＡ（ｓｉＲＮＡなど）を卵や細胞へ導入することによって、同じ配列をもつｍＲＮＡの翻訳を抑制あるいは分解を誘導する方法であり、様々な生物で利用可能である（図４－２）。理由はわかっていないが、ウニではＲＮＡｉが機能しないことから、ＭＡＳＯを用いた遺伝子ノックダウンによって数多くの遺伝子の機能が明らかにされてきた。しかし、ＭＡＳＯは遺伝子そのものを改変するのではないので、一時的にしか機能を抑えることができず、発生の後期で遺伝子ノックダウン効果を維持することは難しい。これは受精卵に顕微注入しても、細胞分裂によって受精卵のＭＡＳＯは希釈されていくため、

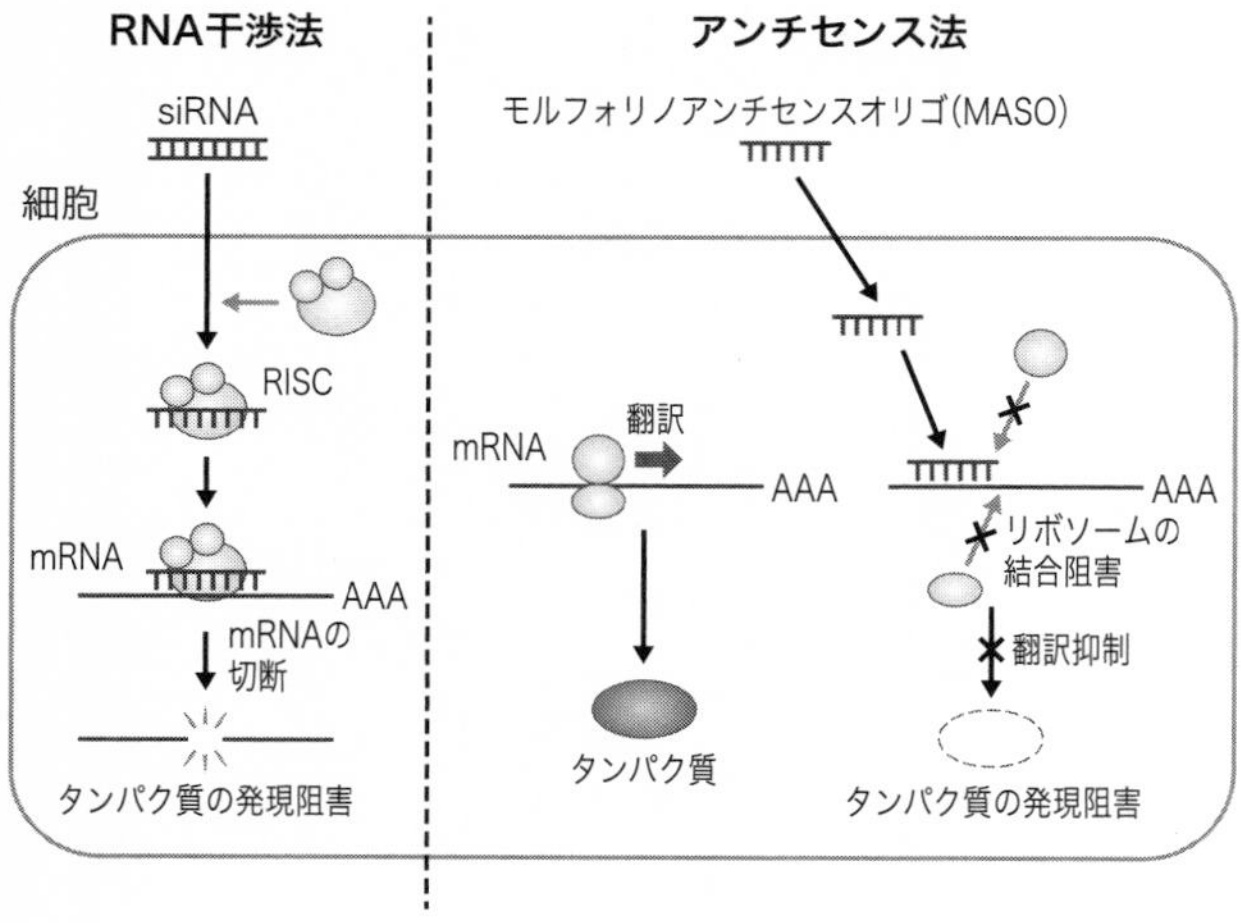

図4-2 RNA干渉法とアンチセンス法

発生後期まで遺伝子の機能を調べることができないことによる。

このように遺伝子ノックダウンは、遺伝子機能を調べる重要な方法であり、ゲノム編集が開発される以前では重要な技術であった。現在でも遺伝子機能を抑制するための方法として、培養細胞や線虫、ショウジョウバエなどモデル生物で利用されている。また、アンチセンス法やRNA干渉法で用いられるMASOやsiRNAは治療用の核酸医薬品として臨床試験が進んでいる（第7章、図7-9）。

前述のようにウニでは発生後期での遺伝子機能を解析することが困難なことから、筆者の研究グループでは何か別の方法がウニで利用できないものかと文献を調べていた（２００８年頃）。そこで注目したのが、既に１９９６年に開発されていた人工制限酵素のＺＦＮであった。

当時、ＺＦＮは、一部試薬メーカーから受託作製で提供が開始されていたが、非常に高額であったため、購入することは断念し、研究室で自作することを計画した。海外の研究機関からＺＦＮの作製に必要なＤＮＡの提供を受け、約2年にわたる試行錯誤によって、特異的に遺伝子を切断するＺＦＮの作製システムを確立した。まず第一に、実証研究のためウニ幼生の骨片の形成に関係するＨｅｓＣ遺伝子に変異を入れるＺＦＮを設計・作製した。

作製したｍＲＮＡをウニの受精卵に顕微鏡下で注入し発生を調べると、結果予想通り初期胚で骨片形成細胞が増加することが示された。さらに、その胚からＤＮＡを抽出してＺＦＮの切断箇所の塩基配列を詳しく調べると様々な欠失・挿入変異が導入されていることがわかった。時をほぼ同じくして、京都大学の真下知士博士（現東京大学）らは、ＺＦＮを使ったゲノム編集によって特定の遺伝子を働かなくさせたノックアウトラットの作製に成功した論文を発表し、農業生物資源研究所（現農研機構）の刑部敬史博士（現徳島大学）は植物でのＺＦＮを使った変異導入を報告した。

このような状況から、国内のゲノム編集研究者が協力して技術開発と情報共有を行う必要性を感じ、２０１１年からゲノム編集研究会をスタートさせ、翌年広島大学を拠点としてゲノム編集コンソーシアムを立ち上げた（２０１２年）。コンソーシアムでは、さまざまな生物（コオロギ、メダカ、ホヤ、マウス、ラット、植物など）でZFNを使った遺伝子改変に関する共同研究が進み、多くの成果が発表された。加えて、ZFNの作製講習会を開催し、技術の普及が進められた。

しかしながら、ZFNの作製過程が複雑なため、残念ながら国内で作製できる研究室が増えることはなかった。実際、ZFN作製には約２ヵ月を要すること、作製した複数のZFNから高い活性のものを選び出す作業が煩雑であることから、ZFNでのゲノム編集は一部の利用に限定され、国内外で大きく広がりをみせることはなかった。

ZFNが一部の研究室で何とか使えるようになった頃、新たなゲノム編集ツールとして発表されたのがターレンである（作製法が発表されたのは２０１１年）。当時筆者の研究室でZFNの作製法を行っていた大学院生の落合博君（現広島大学講師）が、筆者の部屋へ来て、「このターレンという新しいツールはすごいと思います」と話をしたのをよくおぼえている。ZFNがようやく作れるようになり、これからというところでショックはあったものの、ターレンはZFNより作製が簡便であること、標的配列を自由に選べることから国内でこの技術を立ち上げることが必要であると考えた。

ゲノム編集コンソーシアムにおいても、ターレンへ切り替えて提供することが国内の研究レベルの底上げに重要であるとの議論がなされた。これを受けて筆者の研究室ではターレンの作製システムを立ち上げる計画を進めようとしたが、問題となったのが研究費であった。年度末ということもあって、使用できる研究費がほとんどなく、すぐにターレンの作製システムを立ち上げることが難しい状況であった。早く何とかしたいという思いから、共同研究者の野地澄晴博士（現徳島大学学長）に相談したところ、「重要な技術であるので開発を急いだほうがよい」とアドバイスされ、必要な試薬について共同研究として支援を頂いた。今思うと、この支援がなければ、ターレンの開発は国内では進んでおらず、日本のゲノム編集研究が大きく遅れることになったと想像される。その後、約半年間の試行錯誤によってターレンの基本的な構築法を確立し、さらに培養細胞や生物種（ウニ、マウス、ゼブラフィッシュなど）での遺伝子改変の成功例が続々と報告されることとなった（2012年頃）。このようにターレンを中心にゲノム編集技術は国内へ普及していったのである。

しかし依然として、特定の生物種や遺伝子座によってはターレンでの変異導入率が低いという問題があった。特にマウスやラットなどの哺乳動物での変異導入効率が低く、この点を何とか改善したいという思いから、筆者の研究グループは、さらなるターレンの改良に着手した。ターレンのアミノ酸配列の解析と改変体の作製を行い、培養細胞での活性評価を繰り返すことによって、2013年に様々な標的配列に対して非常に高い活性をもつプラチナターレン（Platinum

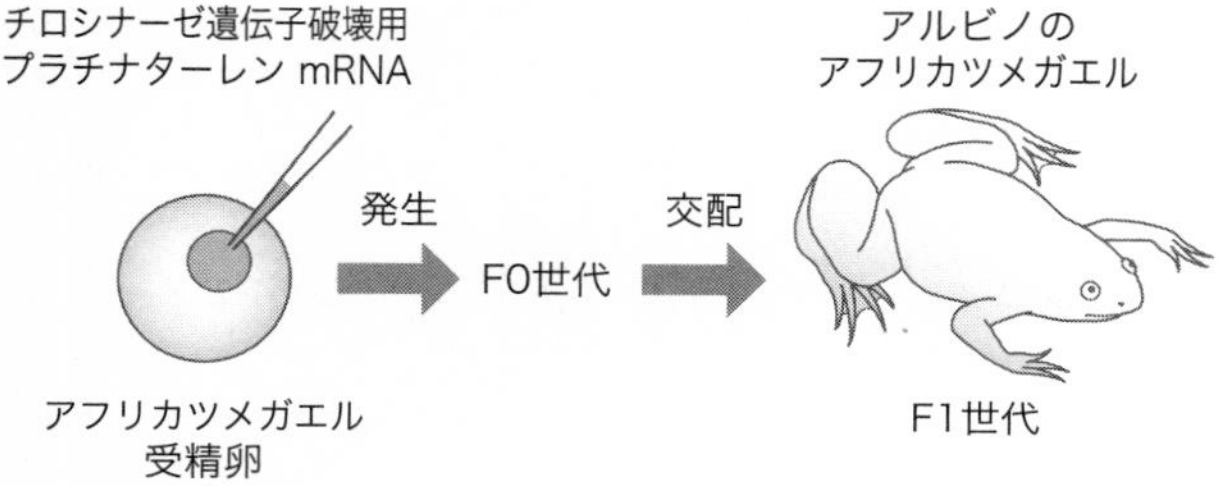

図4-3 アフリカツメガエルでのゲノム編集
チロシナーゼ遺伝子を切断するプラチナターレンを受精卵に顕微注入し、発生を進めると、カエルの幼生は色素をもたない個体（アルビノ）となる。

TALEN）の開発に成功した。さらに、研究室の佐久間哲史君（現広島大学准教授）がプラチナターレンの作製を3日間で完了するプラチナゲートシステムを確立し、国内外への特許出願を行った。具体的には、このシステムで作製したプラチナターレンのmRNAをアフリカツメガエルの受精卵へ顕微注入することで、発生過程において遺伝子機能を調べることが可能なことがわかった。色素合成遺伝子（チロシナーゼ遺伝子）をプラチナターレンによって切断することで、高効率で白い幼生さらには白いカエル（アルビノカエル）を作製することに成功した（図4－3）。このような高効率な遺伝子改変は、プラチナターレン以前のゲノム編集ツールでは不可能であったので、基礎研究者に大きなインパクトを与えることとなった。

さらに、ショウジョウバエやコオロギ、カイコなどの昆虫、ホヤやウニなどの海産動物やマウスやラットなどの哺乳動物においても、ゲノム編集技術は非常に有用であることが短期間で証明された。

ラットではES細胞を介した遺伝子改変の効率が低いため、外来遺伝子の挿入によって遺伝子を破壊する既存の遺伝子ターゲティングは実用的ではなかった。そのため、ゲノム編集が標的遺伝子改変の方法として注目され、プラチナターレンでの改変が積極的に進められた。

一方、ES細胞を使った方法が確立されているマウスでは、当初ゲノム編集は必要ないと考えられていたが、予想に反してノックアウトマウスの作製に現在利用されている。これまでの6ヵ月から1年はかかっていたノックアウトマウス作製が、ゲノム編集によって数ヵ月と大幅に短縮することができるようになり、現在マウスでもゲノム編集による遺伝子改変が主流となっている。さらには、ブタのような大型哺乳動物やマーモセットなどの霊長類においてもプラチナターレンでのゲノム編集の成功例が報告されている。

植物については、細胞壁があるため動物のように簡単にゲノム編集ツールが導入できないこと、生長に時間を要することから、動物でのゲノム編集の研究のスピードにはおよばない面がある。国内では、農研機構の土岐精一博士や徳島大学の刑部敬史博士を中心としてモデル植物のシロイヌナズナでゲノム編集技術基盤が確立され、作物でのゲノム編集が当初ZFNやターレンによって進められた。

このような状況で日本の研究レベルも海外に追いつく勢いであったが、2012年に全く新しい概念から作られたゲノム編集ツールによって状況は大きく変わった。その新しいツールこそが、短いＲＮＡで標的遺伝子をターゲットするクリスパー・キャス９である。

国内の研究者は、クリスパー・キャス９は非常に簡便なツールであることは理解したが、論文が発表されたときには、これほどまでに広がるとは予想していなかった。この考えが甘かったことを、２０１３年の初めに世界中から発表された複数のクリスパー・キャス９の論文で、知ることになった。残念ながら、新しい時代を開くクリスパー・キャス９の開発において日本は大きく遅れをとってしまったのである。

２０１３年以降は、日本国内においてもクリスパー・キャス９が中心的なゲノム編集ツールとして積極的に利用され、この技術の改良が精力的に進められている。２０１４年からは、内閣府の戦略的イノベーション創造プログラム（ＳＩＰ）において、穂の多いイネ、芽に毒のないジャガイモや腐りにくいトマトなどがクリスパー・キャス９によって次々と作出されている。これまで時間がかかっていた植物で、いとも簡単に遺伝子改変が成功したことは驚くべきことである。

筆者は、このプロジェクトにおいて、植物用プラチナターレンとおとなしいマグロの開発（詳しくは第６章、６－４で説明）に従事した。一方で、今後、異常気象による環境の変化、人口増加による食料問題などを考え、作物におけるゲノム編集を使った品種改良は必須であり、中国や米国を中心に進められている。日本でも遅れをとらないように、２０１６年からゲノム編集技術の産学連携研究を進めるため、科学技術振興機構（ＪＳＴ）のＯＰＥＲＡプロジェクトや経済産業省のＮＥＤＯ「植物等の生物を用いた高機能品生産技術の開発」においてゲノム編集の国産の新規技術の開発が進められている（後述）。

国内のゲノム編集コンソーシアムでの研究支援活動は、２０１６年に設立された一般社団法人の日本ゲノム編集学会（ＪＳＧＥ）が引き継ぎ、初心者や上級者向けのゲノム編集講習会（ゲノム編集の基本原理の講義や実技講習会）を開催している。さらに国内では日本学術振興会の卓越大学院プログラムにおいて、広島大学の「ゲノム編集先端人材育成プログラム」が２０１８年に採択され、ゲノム編集の基礎研究者、産業技術開発者、治療技術開発者、ベンチャー起業家の育成がスタートしている。

4-2 クリスパー・キャス9の爆発的な広がり

ＺＦＮやターレンでは、それぞれの人工制限酵素（人工ヌクレアーゼ）を構成するタンパク質のＤＮＡ結合ドメインによって目的の塩基配列を認識させるため、特異的に結合する形のドメインをオーダーメイドで設計・作製する必要があった。

これに対して、２０１２年に彗星のごとく現れたクリスパー・キャス９は、標的遺伝子にパム配列（GGやCCの配列）さえあれば、簡単にガイドRNAの設計と作製をすることができる。クリスパー・キャス9の発現ベクター（以下、クリスパー・ベクター：DNAとして提供され、これを細胞に入れるとクリスパー・キャス9が働く）は公的機関での基礎研究目的であれば、入手も簡単である。米国の非営利（NPO）法人Addgene《アドジーン》では、ネット通販のように必要なクリスパー・ベクターをクリックすることで注文ができる。所属機関どうしの物質移動合意書（MTA：material transfer agreement）を交わした後に、数週間以内に研究者の手元へクリスパー・ベクターが送付される。このクリスパー・ベクターは、基本的に大腸菌へ形質転換し、必要な量に増幅してから使うので、遺伝子組換え実験が必要となる。そのため、所属機関で定められた遺伝子組換え実験の申請を行い、許可を得て利用することになる。

ゲノム編集研究の分野では、基礎研究目的であれば開発した技術を世界中の研究者に使ってもらうオープンイノベーションの気運が高く、ゲノム編集の研究分野は予想を遥かに越えたスピードで進んでいる。筆者らも開発したゲノム編集ツールのベクターをAddgeneへ寄託しており、約2600のサンプル（2020年7月現在）を世界中の研究室へ提供している。実際、これだけの数のサンプルを個々の研究者が発送するのは現実的ではなく、これを自分でやると研究ができなくなってしまう。

遺伝子操作の基本的な技術を身につけていれば、クリスパー・キャス9は誰にでも使える技術

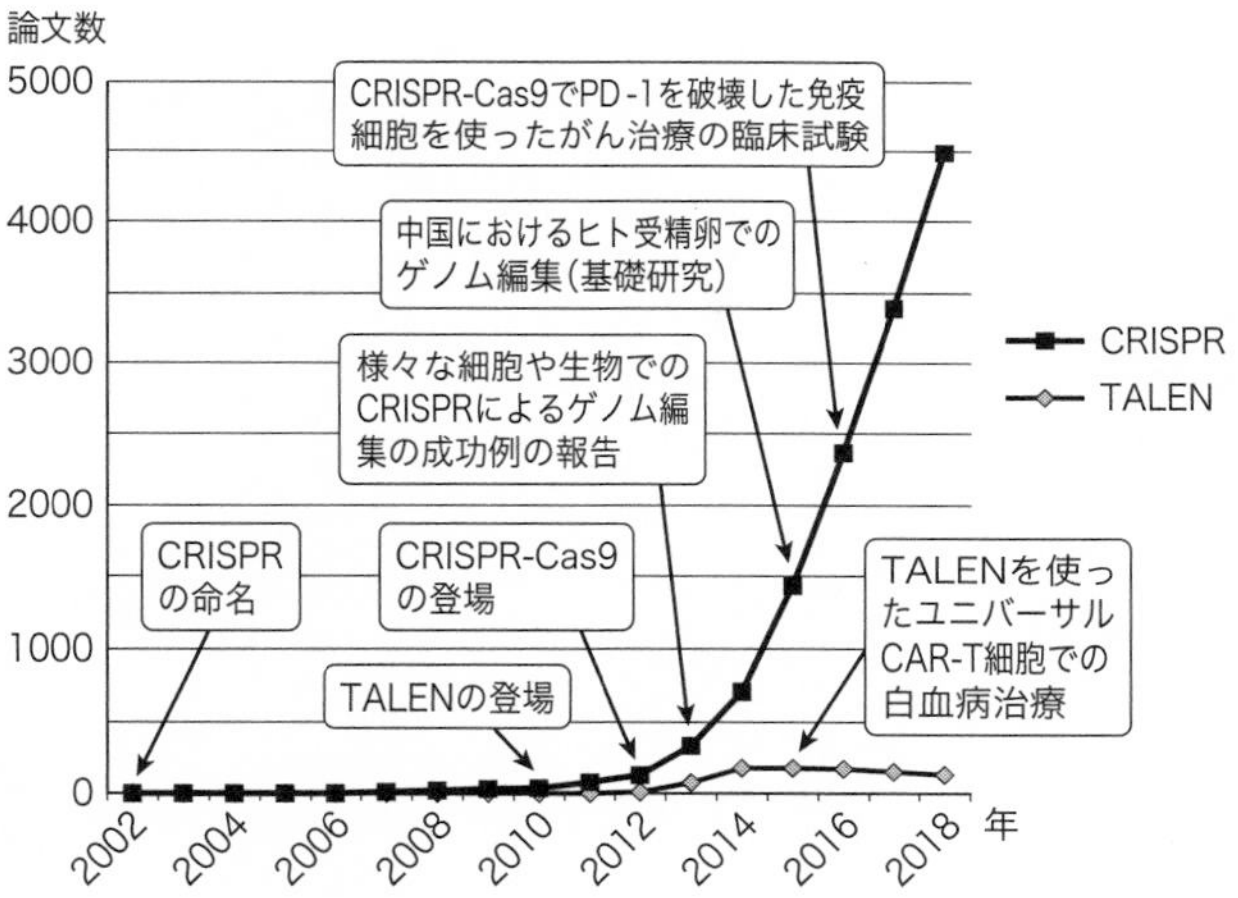

図4-4　ゲノム編集の論文数の増加

である。簡便性に加えてゲノム編集の効率が高く、基礎研究であれば低価格で利用できる（商業利用する場合は、目的によって高額な使用料が発生する場合もある）。

クリスパー・キャス9は、正に革命的な技術であり、発明者はそう遠くない時期にノーベル賞を受賞すると言われている。２０１３年の初めから、細菌、培養細胞、動物や植物でのゲノム編集において世界中から成功例が報告され、クリスパー・キャス９の開発によってゲノム編集は、全ての研究者の基盤技術となったと言っても過言ではない。

このようにクリスパー・キャス9が基礎研究に自由に利用できる状況を考えると、ゲノム編集が全ての生物に使えるようになった今、これまで一部の生物種に対して使われていた「モデル生物」という用語には違和感さえ感じる。全ての生物種が研究対象のモデル生物となる時代が、ゲノム編集技術によって到来したのである。実際、クリスパー・キャス9を使った論文数は、2013年以降に急上昇しており、この技術のインパクトの大きさが窺える（図4－4）。これまで遺伝子改変が全くできなかった生物を利用した論文が数多く発表されており、生命現象に関する新しい知見が次々に得られている。

4-3 クリスパー・キャス9技術の熾烈な特許争い

ゲノム編集技術は、革新的な技術であることから、この技術を利用した産業開発では大きな利益が生み出される。そのため、研究者は新しく開発した技術について、まず関連する特許を出願し、その後、学術的な有用性を学術論文において公開する流れができている。学術研究においては、いち早く新しいゲノム編集技術を利用できるように、オープンイノベーションによる開発を進める気運が、ゲノム編集技術開発者には高まっていた。これによって、論文で発表された技術が数ヵ月後には安価に利用することができるので、基礎研究でのゲノム編集開発は、予想を遥かに越えたスピードで進められている。

前述したようにクリスパー・キャス9の基盤技術は複数のグループから論文誌上に報告され、

学術的な競争が行われている。一方、ゲノム編集技術に関する特許権については、研究とは別次元で激しい権利の獲得をめぐる争いが起こっている。特に、クリスパー・キャス９の基本特許権の争いは、研究者の所属機関の間の裁判にまで及び、今なお完全な解決に至っていない。このことは、クリスパー・キャス９がいかに重要な技術であるかを物語っている。

２０１２年にダウドナ博士とシャルパンティエ博士が発表して以来、クリスパー・キャス９の特許紛争は、彼女たちカリフォルニア大学バークレー校（以下ＵＣバークレー）の陣営とフェン・チャン博士のマサチューセッツ工科大学（ＭＩＴ）とハーバード大学のブロード研究所（以下ブロード研）との間で行われた裁判として有名である（２０１６年から開始されている）。特許の取得については、米国では先発明主義（先に特許を発明したほうが権利を有する）が基本であったが、２０１３年以後に先願主義（先に特許を出願したほうが権利を有する）へ移行している。クリスパー・キャス９の特許については、出願時期が先発明主義を基本にしていた最後の時期であり、どちらが先に発明したのか、実験ノートの提出なども行われ、研究者の学会等での発言についても係争での証拠となった。

ＵＣバークレー陣営は、ブロード研の特許（真核細胞におけるクリスパー・キャス９の使用）がＵＣバークレーの特許（一分子ガイドＲＮＡでのクリスパー・キャス９の使用）に抵触していると訴えを起こしたが、これは２０１８年に米国裁判所において却下される結果となった。この結果、クリスパー・キャス9の商業利用について両方の特許が成立し、企業では商業利用が難しい状況となっている（商業利用の際には両特許権利者へ使用料を支払う必要が生じる）。一方、欧州や中国、最近では日本においてもUCバークレーの特許が優位となっており、米国の状況とは異なる。このような状況であるが、植物でのクリスパー・キャス9の利用についてはコルバ・アグリサイエンス社やブロード研が窓口となって両者の特許を調整することで商業利用できるようになっている。さらに2019年、ブロード研の特許がUCバークレーの周辺特許に抵触することを争点とした新しい紛争が始まり、完全な解決にはまだまだ時間がかかりそうである。

クリスパー・キャス9は研究においては非常に使いやすい技術であり、様々な分野で開発が、海外を中心としてこの技術を利用して猛スピードで進んでいる。ゲノム編集・ゲノムエンジニアリングの世界市場は、2025年には約1兆2000億円と予測されている（米マーケッツ&マーケッツ社）。基本的な特許をもたない場合でも、発展した技術を開発していくことや製品を作っていくことが重要であり、日本でも積極的な応用技術開発が必要と考えられる。

ゲノム編集の応用技術開発は、ベンチャー企業などがいち早く進めていくのが効率的であるが、特許交渉などを含めて日本人の不得意なところである。このような状況を打破するためには、国内においてゲノム編集ビジネスに積極的に参入する若手人材の育成が急務である。有用な細胞や品種、応用技術を作り出すことは日本でも着実に進んでおり、ゲノム編集の基礎技術開発に遅れはとったものの、国内の産業活性化は進みつつあると感じている。

4-4 国産ゲノム編集ツールと改変技術の開発

ゲノム編集ツールの開発は、基礎研究での使いやすさから2012年以降クリスパー・キャス9を中心に進められている。クリスパー・キャス9の開発が猛スピードで進む一方、ZFNやターレンなどの人工制限酵素タイプのゲノム編集ツールも特定の目的（産業利用など）での利用価値はいまだに認められる。

ZFNは作製が難しいこともあり、基礎研究では広がっていないが、遺伝子治療ではZFNの長い研究実績から安全性の高い方法として利用されている。ターレンについては、作製が容易なことから、単一の遺伝子改変であれば、安全性の高いターレンでのゲノム編集は有効である。

国内を中心に高い活性のプラチナターレンによってさまざまな生物の成功例が報告されている。特に、次世代を得るまでに長い期間が必要な生物種では、受精卵において両対立遺伝子への完全な改変が必要とされるが、プラチナターレンはその目的で利用価値が認められる。詳しい理由は不明であるが、マーモセットなどの受精卵でのゲノム編集ではプラチナターレンでの改変によって、クリスパー・キャス9より高い効率で遺伝子改変に成功している。広島大学で開発されたプラチナターレン技術は、２０１９年に設立された広島大学発ベンチャー（プラチナバイオ社）から産業利用に向けて提供される予定である。

ＺＦＮとターレンに並んで、人工制限酵素で開発が進んでいるのが、ＰＰＲ（pentatricopeptide repeat）タンパク質を利用した技術である。ＰＰＲタンパク質は、植物の細胞小器官で働くタンパク質で核酸（標的は主にＲＮＡ）に結合するドメインを有している。このＰＰＲドメインをデザインしてＤＮＡ切断ドメインを連結させたＰＰＲヌクレアーゼは、九州大学の中村崇裕博士によって開発され、国内のベンチャー企業（エディットフォース社）により実用化が進められている。国産技術であることから、日本企業にも使いやすい技術として発展することが期待されている。

プラチナターレンやＰＰＲヌクレアーゼに加えて、Target-AID（ターゲット・エイド）が国産ゲノム編集技術として注目されている。ターゲット・エイドは、ＤＮＡへ二本鎖切断を導入するプラチナターレンやＰＰＲヌクレアーゼとは異なり、ＤＮＡ塩基に脱アミノ化反応を行うことによって塩基編集を行う（第８章、８－２）。一塩基レベルの改変が可能なことから、安全な技術として期待されている。この技術を活用するため神戸大学の近藤昭彦博士と西田敬二博士を中心に株式会社バイオパレットが設立された。

ゲノム編集技術をコンピュータに例えると、ＤＮＡの塩基配列を認識・結合するシステムはＯ

S（オペレーションシステム）であり、様々なOSを基盤としてアプリケーションにあたる改変技術が確立している。実際、ジンクフィンガー、テール（ターレンのDNA結合ドメイン）、クリスパーがOSにあたり、遺伝子ノックアウトや遺伝子ノックインなどの改変技術がアプリケーションにあたる。アプリケーションを利用してゲノム編集の細胞や動植物のような製品が作られるのである。もちろんOSの使いやすさによって、さまざまなアプリケーションが生み出されるので、現時点ではクリスパー・キャス9がメインのOSと言っても過言ではない。

一方、OSに利用できる分子・システムは、まだまだ細菌の中に存在している可能性がある。クリスパー・キャス9は、元々ユニークな繰り返し配列として日本の研究者ら（九州大学・石野博士ら）によって発見されたことは前述した。当時は、その繰り返し配列についての機能を明らかにすることは、難しかった。多様な細菌種のゲノムを調べていくと、クリスパー・キャス9以外にも、獲得免疫に関する類似の機能をもつクリスパーが続々と発見されている。クリスパーデータベースで公開されている2017年のデータでは、9000に近いクリスパーが古細菌や真正細菌のゲノム情報から登録されている。このように原核生物のゲノムは、未知の性質をもったクリスパータンパク質の情報の宝庫と言ってもよい。

2019年、大阪大学と京都大学を中心とした研究グループ（筆者も参加）から、新しいタイプのクリスパー・キャス3を使った新規ゲノム編集技術が発表され、海外に先行して特許権の取得に成功した。クリスパーシステムは、ゲノム編集で中心的に使われているクリスパー・キャス9を含むクラス2に対して、キャス3のような複数のエフェクターを必要とするクラス1に大きく分けられる。クリスパー・キャス3システムは、標的配列に大きな欠失を導入するという性質をもつ一方、必要とするガイドRNAが長いことから特異性を高めたゲノム編集が可能である。真下博士らは、この技術の産業利用を目指し、C4U社を2018年に設立した（C4Uの社名はCRISPR for Youを意味する）。

未知のクリスパーの性質を調べるには、タンパク質やRNP（ガイドRNAとキャスタンパク質の複合体）の立体構造を解析することによって、構造から機能を推測していく研究分野（構造生物学）に力を注ぐ必要がある。これらの構造解析には、極低温のクライオ電子顕微鏡による解析が力を発揮しており、国内外でのこの分野の進展は目覚ましい。これらの状況が相まって、新しいクリスパーシステムの開発を進める気運が高まっており、国内の複数のグループが新規のクリスパーシステムのゲノム編集への適用を進めている。海外が中心であったゲノム編集のOS開発での日本の巻き返しが期待される。

2018年のノーベル化学賞は、細菌のウイルス表面にさまざまなタンパク質を提示する手法（ファージディスプレイ）とランダムに変異導入したタンパク質から選択圧をかけることによって高機能タンパク質を選別する方法に対して授与された。これは、多様な変異タンパク質から、目的のタンパク質を進化・選抜することから指向性進化システムとよばれている。この技術を、ゲノム編集ツールの開発に利用する流れも生まれている。

既に海外のグループでは、細菌の中で新しい機能をもったタンパク質を進化させることに成功している。これに加えて、機械学習やＡＩによって人工的なゲノム編集ツールの設計や作製が進められている。これまでタンパク質の人工デザインは、不可能と考えられていた。20種類のアミノ酸から作られるタンパク質の三次元構造が、非常に複雑なことが原因である。しかし最近ではＡＩを活用してアミノ酸配列の三次元構造を予測することも可能になってきており、タンパク質の完全な設計と作製が可能な時代もいずれ到来するであろう。世界的には、次なる産業改革は、「デジタル×バイオ」がキーワードとなっており、多くの資金が投じられている。日本においてもＤＮＡの人工合成技術の革新的開発などを進め、地球規模の問題解決を目指す第五次産業革命を先導する技術開発を国家レベルで進めていく必要がある。

4-5 クリスパー・キャス9は既にゲノム編集の基本ツールとなっている

ゲノム編集は、クリスパー・キャス9の開発によってライフサイエンス研究には必要不可欠な技術となった。この恩恵を受けるのは、第一に基礎研究であることは言うまでもない。目的の遺伝子を改変できる生物種が限られていた基礎研究の世界で、研究者であれば簡単にクリスパー・キャス9が手に入り、今まで苦労してきた遺伝子改変を正確に実現できる。ZFNの作製で苦労させられた研究者は、何とかターレンを使いこなしてきたが、クリスパー・キャス9の手軽さは桁違いである。高度なテクニックが必要とされるF1カーからオートマ自動車へ乗り換えるほど大きな違いである。2013年以降、ゲノム編集研究者はクリスパー・キャス9に移行し、ゲノム編集を初めて使う研究者もクリスパー・キャス9で微生物から動物や植物で研究を進めている。

モデル生物として研究の中心で使われてきた生物種には、クリスパー・キャス9は必要ないと考える研究者も少なくないが、新しい可能性を秘めたこの技術を使わない手はない。後述するがゲノム編集は単にDNAを切断するにとどまらない魅力的な応用技術が続々と開発されているのである。

前述のとおり、酵母では、相同組換え修復による修復経路を利用した遺伝子改変が自在にできる。遺伝子ノックインも遺伝子ノックアウトも自在である。しかし、同時に複数の遺伝子を発現制御する新規の技術（後述する発展技術）などは、これまでには利用できなかった方法なので、酵母などのモデル生物でもゲノム編集は新しい世界を拓く可能性がある。

一方、非モデル生物と言われてきた生物種では、競ってこの技術が取り入れられていることを述べてきた。基本的には、対象生物にゲノム編集ツールを入れることさえできれば、完全ではないかもしれないがゲノム編集は可能になる。これまで研究の対象とならなかった昆虫や植物なども基礎研究の対象になる。最近では、ゲノム編集による遺伝子ノックアウトによって遺伝子の機能を調べるだけでなく、遺伝子ノックインによって遺伝子の発現する場所を調べることが非モデル生物でも可能である。クリスパー・キャス9によって、遺伝子の機能や発現を網羅的に調べる研究はより身近になった。次の世代を得ることができない生物種でも、ゲノム編集ツールを導入した個体で遺伝子改変の影響を観察することができることも魅力である。細胞の分化のしくみや進化の機構、植物の環境応答の機構など、アイディア次第でクリスパー・キャス9を使った様々な研究が可能である。

クリスパーで遺伝子ノックアウトが簡単にできるようになれば、全ての遺伝子の機能を調べられるかと言えば必ずしもそうではない。生存に重要な遺伝子をノックアウトすると個体は維持できないので、詳しい機能を調べる前に死んでしまう。このような場合、注目する組織や臓器だけにクリスパー・キャス9を働かせる、あるいは注入する必要があり、生物種によってはその技術も既に確立されている。

ゲノム編集を利用する前に注意すべき点としては、自分が研究したい生物種のゲノム情報が解読されて、公開されているかどうかも重要である。ゲノム情報が未解読の生物種でも、標的遺伝子の情報をシークエンサーで解読できればゲノム編集は可能であるが、オフターゲット変異導入（後述）を回避して安全に利用するためにはやはり対象とする生物の全ゲノム情報が必要となる。現状では、これまで研究対象となっていなかった生物種の多くは、ゲノム情報が解読されていないので注意が必要である。

微生物は、ゲノムサイズは比較的小さいのでゲノム情報の取得は次世代シークエンサー（NGS）で簡単にできるようになってきた。一方、微生物以外の生物種にはゲノムサイズが非常に大きいものも存在し、多くの生物種で完全なゲノム情報の解読を進めることが急務である。全ゲノム解読にはNGSでの塩基配列データの取得に加えて、バイオインフォマティクスによる解析が必要とされるが、バイオインフォマティクスに精通した研究者が、国内で大きく不足していることも問題である。このような状況から、日本のライフサイエンス研究をさらに発展させるためには、ゲノム情報解析（ドライ研究）とゲノム編集（ウェット研究）を融合して進める新しいタイプの研究者が必要と考えられる。

第5章
さまざまな生物でのゲノム編集

5-1 受精卵を使った実験動物でのゲノム編集

動物におけるゲノム編集は、遺伝子組換え体の作製で培ってきた技術をベースにして急速に進んできた。まずゲノム編集で必要となるのは、標的とする遺伝子の塩基配列情報である。この場合、ゲノム解読が完全に終わっていなくとも、部分的なゲノム情報をもとにしてゲノム編集ツールの設計が可能である。

次に塩基配列に対してどのゲノム編集ツールを利用するかを選択する。現在では、ほとんどの実験で化膿レンサ球菌のクリスパー・キャス9（SpCas9）を使っているので、このツールに必要なパムとして利用可能なGGあるいはCCの配列を探す。そしてパムに近接した20塩基と相補的に結合するガイドRNAを作製する。このとき、ゲノム解読が終わっている生物種であれば、設計したガイドRNAが目的以外の配列への切断（オフターゲット切断）を避けて、特異性の高いツールを作製することが必要である。

次に、ゲノム編集ツールをどのような形状で導入するかであるが、これにはいくつかの方法が考えられる。核酸（DNAやmRNA）あるいはガイドRNAとタンパク質の複合体を、受精卵に顕微注入や電気穿孔《せんこう》法（エレクトロポレーション法）などで導入することができればゲノム編

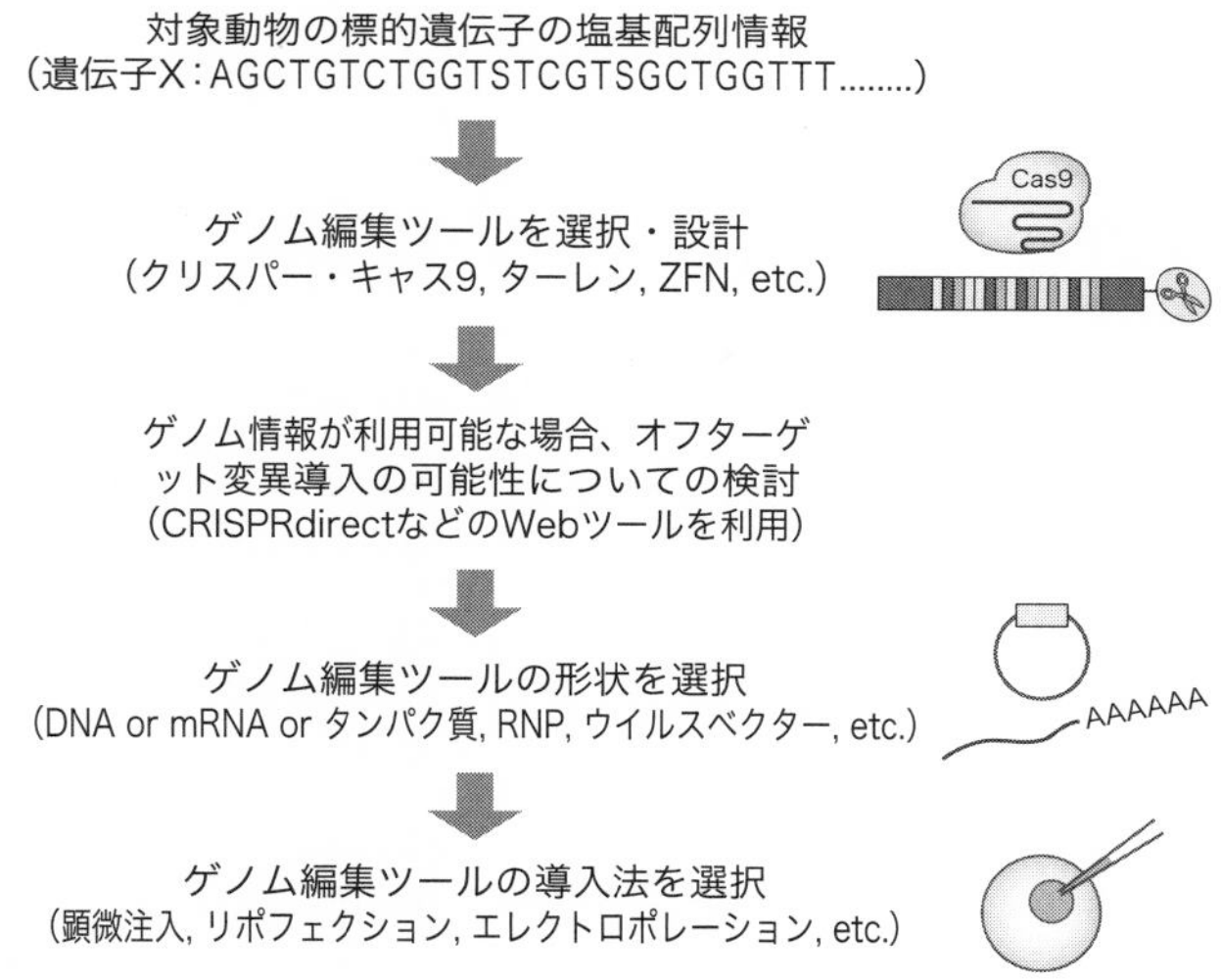
対象動物の標的遺伝子の塩基配列情報
（遺伝子X：AGCTGTCTGGTSTCGTSGCTGGTTT........）
ゲノム編集ツールを選択・設計
（クリスパー・キャス9, ターレン, ZFN, etc.）
Cas9
ゲノム情報が利用可能な場合、オフターゲット変異導入の可能性についての検討
（CRISPRdirectなどのWebツールを利用）
ゲノム編集ツールの形状を選択
（DNA or mRNA or タンパク質, RNP, ウイルスベクター, etc.）
AAAAAA
ゲノム編集ツールの導入法を選択
（顕微注入, リポフェクション, エレクトロポレーション, etc.）

図5-1　動物でのゲノム編集の作業過程

集ができる（図5－1）。

例えば、ゲノム編集ツールを発現するプラスミドDNAを構築して受精卵へ入れると、核の中に入った一部のプラスミドDNAからゲノム編集ツールのmRNAが転写され、そのmRNAは細胞質でタンパク質（ゲノム編集ツール）に翻訳される。そして、細胞質で作られたゲノム編集ツールは、核へ運ばれるためのシグナル配列（核移行シグナル）が付加されており、それによって核内で働く。

核内で、ZFNやターレンのような人工制限酵素は結合と解離を繰り返し、標的配列へ強く結合することによって、DNA二本鎖切断を誘導する。

これらに対してクリスパー・キャス９は、ＤＮＡ上を移動しながら標的配列を探して切断することが、特別な顕微鏡（原子間力顕微鏡）によって確認されている。

ゲノム編集ツールをＤＮＡとして導入する方法は簡便であるが、そのＤＮＡがゲノム中に組み込まれる可能性がある。これを避けるためには、ｍＲＮＡの形状でゲノム編集ツールを受精卵に導入する方法が有効である。ｍＲＮＡを入れることによってＤＮＡからの転写過程を経ない翻訳のみで、素早くゲノム編集を行うことができ、ｍＲＮＡは一定時間が経つと分解されるので、酵素も一時的にしか存在しないことになる。

ＺＦＮやターレンではｍＲＮＡを導入する方法が主流である。クリスパー・キャス９では、キャス９タンパク質が安価に入手できるようになったこと、ガイドＲＮＡを試験管内で作製することができることから（一部の試薬メーカーでは受託作製もしてくれる）、キャス９タンパク質とガイドＲＮＡを受精卵へ導入する前に、混ぜ合わせ、複合体として導入することができる。受精卵への導入は、顕微鏡下でガラス針を使って導入する顕微注入が主流である。しかし最近では電気穿孔法（エレクトロポレーション法）とよばれる、電気刺激によって一過的に細胞膜に穴を空けて卵内にゲノム編集ツールを入れる方法がゲノム編集では可能である。この方法では、顕微注入などの高い技術が必要ではなく、専用の機器があれば安定した導入ができる。

受精卵で効率よく遺伝子改変できると、全ての遺伝子の機能がわかるように思われるが、実は必ずしもそうではない。例えば、ある遺伝子が細胞の増殖や維持に必要な遺伝子であれば、その遺伝子産物がないと受精後しばらくすると発生は停止してしまう。発生の初期に働く遺伝子が成体でどのように働くのか調べようと思っても、この遺伝子をノックアウトしてしまうと発生が途中で停止してしまうので調べることができない。この問題を回避する方法として、成体になってから目的の組織や臓器だけでゲノム編集ツールを働かせる方法も開発されている。これは、ウイルスベクターを利用した方法で、特定の組織・臓器のみにウイルスを感染させて、キャス9とガイドRNAを発現させて標的遺伝子を改変する。逆に、遺伝子に変異が入っても、全く個体に影響が見られないことがある。類似の遺伝子が存在して遺伝子[※章末注1]ファミリーを作っていると、1つの遺伝子を破壊しても類似遺伝子が機能を補う。このような場合は、類似の遺伝子にも変異を導入し、影響を調べる必要がある。

5-2 ゲノム編集は遺伝子以外の部分の機能を調べることもできる

ゲノム編集はタンパク質をコードする遺伝子部分に変異を入れ、遺伝子をノックアウトすることを中心に進められてきた。しかし遺伝子が働くためには、コードされたタンパク質が発現することが必要である。タンパク質の発現には、mRNAの転写と翻訳の過程が含まれるので、これ

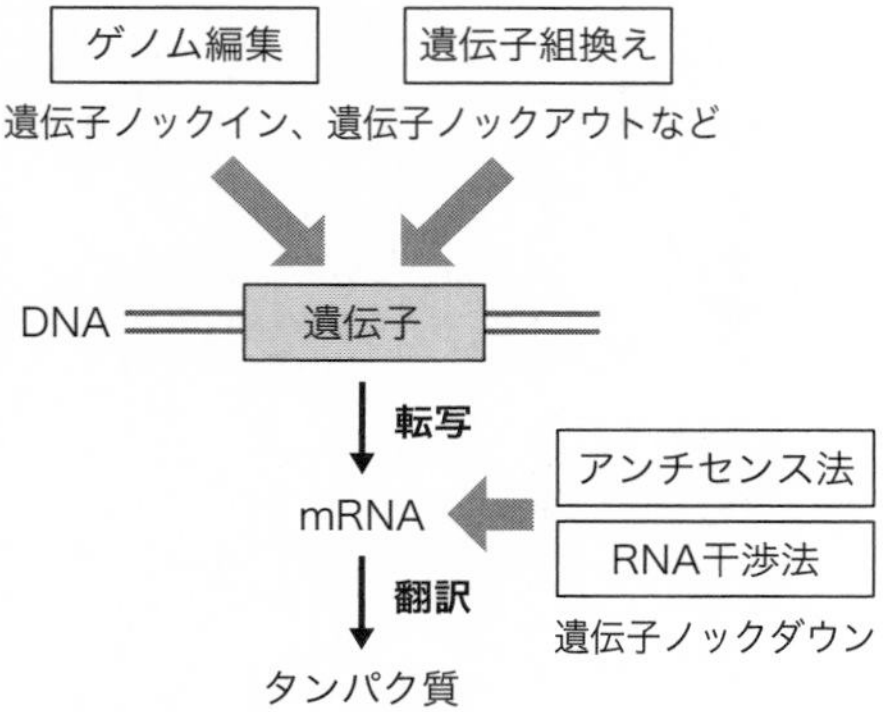

図4-1 遺伝子の機能を調べる様々な方法（再掲）

らの過程を阻害することによっても遺伝子機能を抑制することができる（図4－1）。

遺伝子の発現は、転写スイッチであるプロモーターとそれをコントロールする調節領域が重要である（図1－15）。プロモーターには、複数の転写因子とRNAポリメラーゼが結合するが、mRNAの転写量（分子数）は、調節領域の指示によって決まる。転写因子はエンハンサーとよばれる調節領域の塩基配列特異的に結合するため、転写の活性化に関わる調節領域を調べることは重要である。

しかし、調節領域のどこに転写因子が結合するのか明確な配列的な特徴が明らかになっていないため、これまでの方法では、調節領域と予想される部分を片っ端から改変して影響を調べていた。この方法はかなりの労力が必要であったので、調節領域の重要な配列を特定するのに何年もかかることもあっ

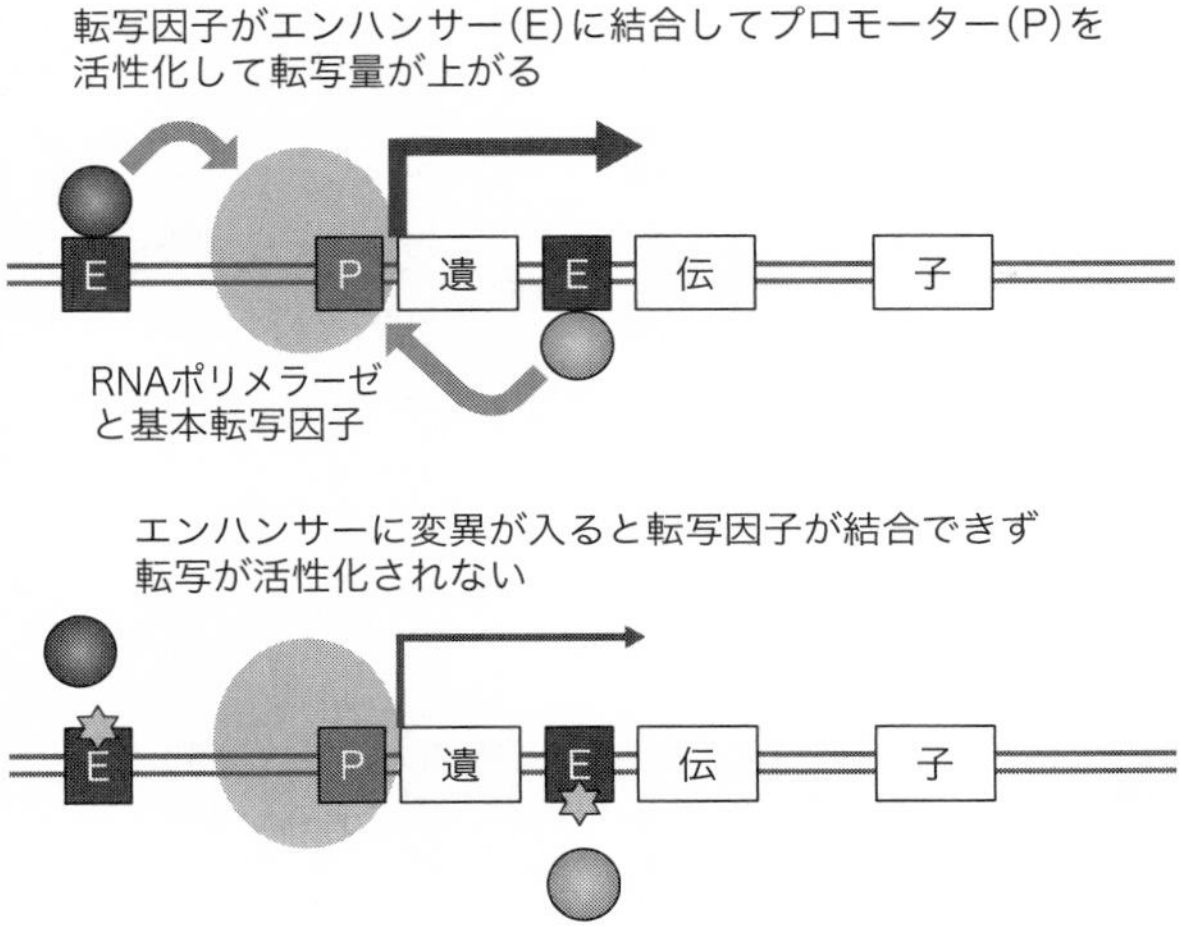

図1-15　転写活性化での塩基配列の変化の影響（再掲）

遺伝子の転写が始まる部分にはプロモーター（P）とよばれるスイッチとして働く部分がある。ここに転写を行うRNAポリメラーゼと基本転写因子が結合して、転写が開始する。RNAポリメラーゼの転写を促進するためには、エンハンサー（E）とよばれる調節領域に転写因子（●で示した）の結合が必要となる。エンハンサー部分に変異が入ると転写因子が結合できなくなり、転写の活性化が見られなくなる。

た。

しかし、クリスパー・キャス9が使えるようになってくると、調節領域について大量のガイドRNAを作製するだけで、調節領域のいろいろな場所を切断して、変異を導入することができるようになった（図5－2）。これによって、調節領域中のどの塩基配列が重要で、どんな転写因子が結合するかの予測を大規模におこなうことができる。

この技術は、進化のしくみを実験的に調べる方法としても期待されている。生物の多様性は、発生に必要な体の形を作る遺伝子の調節領域に変化が起きたことが1つの重要な要因であると考えられている。そこで、ゲノム編集によって、調節領域に人工的に変化を加えることで、生物の進化過程を実験的に再現することが可能になるかもしれない。例えば、同じ爬虫類でもヘビには脚がないが、トカゲには脚がある。四肢の形成に重要な遺伝子の発現調節の違いが、脚の有る無しに関わることが明らかにされており、ゲノム編集によってヘビに脚が生える変化を起こすこともできるかもしれない。

非遺伝子領域には、マイクロRNA[※章末注2]をコードする領域が多数明らかにされている。これらの配列についても、必要なガイドRNAを複数作製することによって網羅的に機能を調べることができる。また、非遺伝子領域には未知の機能があることが予想されており、ゲノムのもつ新たな機能が明らかにされることも期待できる。このように、ゲノム編集はゲノムのあらゆる領域を改変

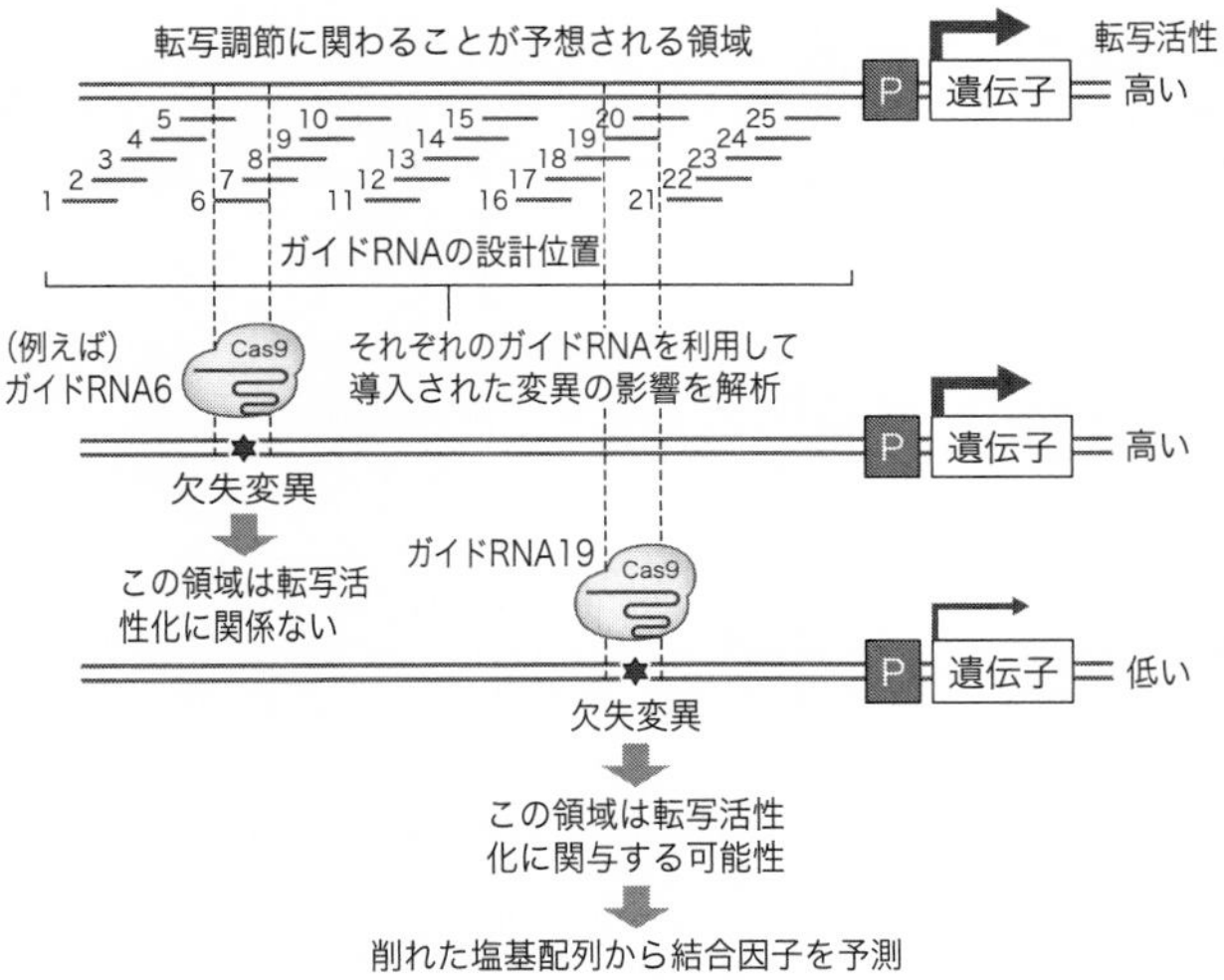

（図5-2）ゲノム編集を利用したＤＮＡの調節領域の解析

転写調節領域はプロモーター（P）の近傍に存在するが、転写因子がどの領域に結合するかは実験で調べる必要がある。クリスパー・キャス９のガイドRNAを転写調節に関わることが予想される配列について網羅的に作製し、変異を導入する。例えばガイドRNA 6で変異を導入したことによっても遺伝子の発現が高いままであればその領域は転写活性化には関係がないことがわかる。一方、ガイドRNA19による変異導入によって発現が低下すると、その部分に転写活性化に関わる転写因子が結合することが予測される。

する不可欠な技術となっている。

5-3 植物でのゲノム編集の実際

植物の細胞は、細胞壁があるために動物のように簡単に細胞の中にゲノム編集ツールを導入することができない。そのため、既存の遺伝子組換えで利用されているアグロバクテリウムとよばれる土壌細菌を利用した遺伝子組換え法を利用して、ゲノム編集ツールを発現するDNAを植物ゲノム中に挿入する。

アグロバクテリウムは、もともと植物に感染して「こぶ」を作る病原菌で、このこぶの中でプラスミドDNA中のT-DNA部分を植物細胞へ送り込む。遺伝子組換え技術では、こぶを作る遺伝子を取り除き病原性をなくし、さまざまな植物に使える方法として確立した遺伝子組換え法がアグロバクテリウム法である（1984年）。

一般に、植物のゲノム編集は、ゲノム編集ツールを発現カセットとしてアグロバクテリウム法によってゲノムへ導入することから始まる（図5-3）。植物細胞内では、挿入されたゲノム編集ツール発現カセットから、ゲノム編集ツールに必要なRNAやタンパク質が転写・翻訳され、標的遺伝子へのDNA二本鎖切断が誘導される。

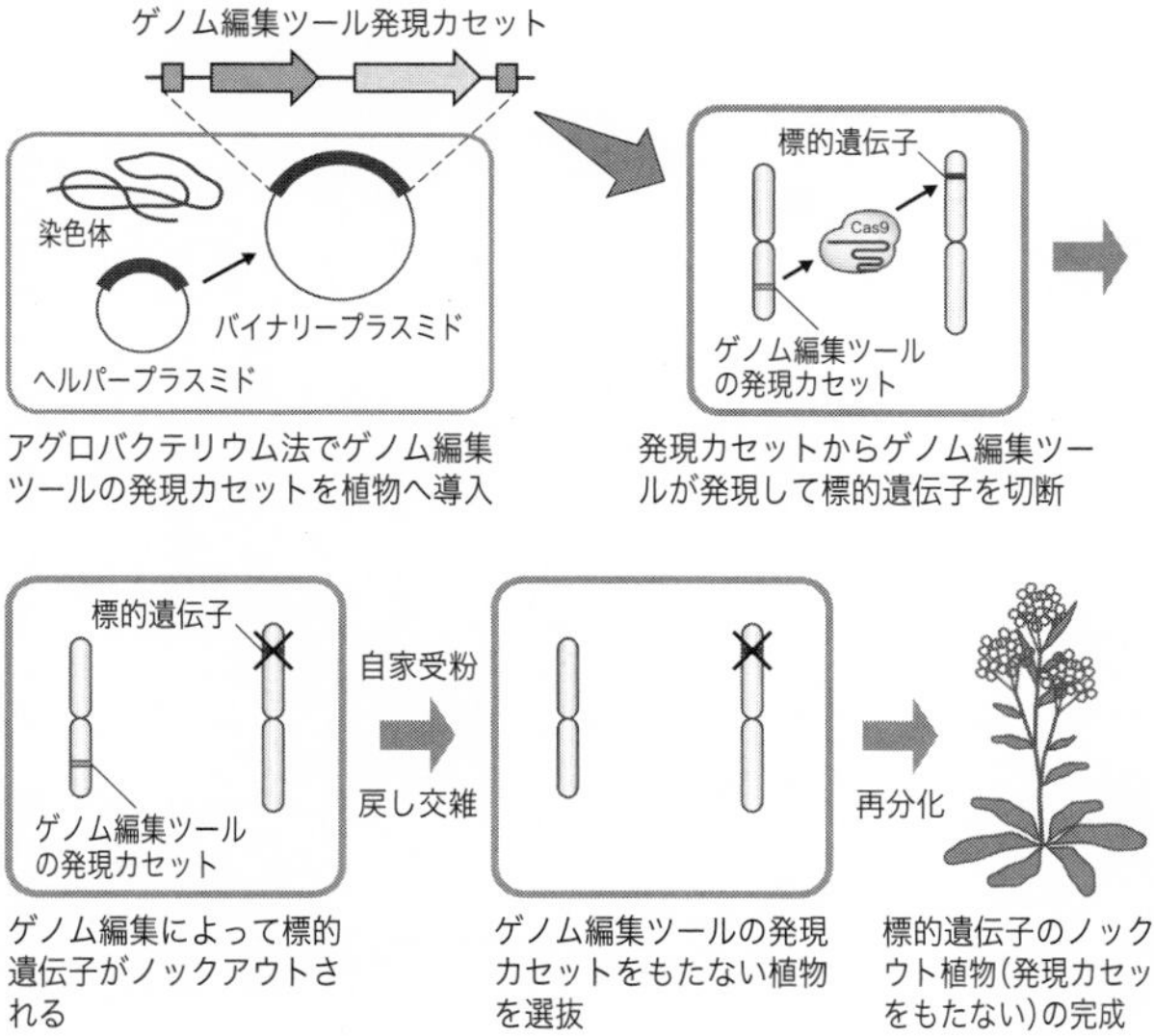
ゲノム編集ツール発現カセット
染色体
ヘルパープラスミド
バイナリープラスミド
アグロバクテリウム法でゲノム編集ツールの発現カセットを植物へ導入
標的遺伝子
Cas9
ゲノム編集ツールの発現カセット
発現カセットからゲノム編集ツールが発現して標的遺伝子を切断
標的遺伝子
ゲノム編集ツールの発現カセット
ゲノム編集によって標的遺伝子がノックアウトされる
自家受粉
戻し交雑
ゲノム編集ツールの発現カセットをもたない植物を選抜
再分化
標的遺伝子のノックアウト植物(発現カセットをもたない)の完成

図5-3　植物でのゲノム編集

　植物細胞内のDNA二本鎖切断は、動物細胞と同様に修復過程で欠失・挿入変異が導入され、変異体となる。これら変異体にどのような変異が導入されているかを塩基配列レベルで調べ、目的の遺伝子ノックアウトが起こった植物体を選別する。ここで注意が必要なのは、植物ではゲノム編集ツールが発現カセットとして植物ゲノム中に挿入されているので、作製した遺伝子ノックアウト植物は遺伝子組換え体でもある。そのため、最終段階として、戻し交雑や交配を行うことによって、ゲノム編集発現カセットを除き、目的の変異が入った植物個体を得ることができれば、突然変異育種や自然突然変異体と同じレベルで扱える（発現カセットが残っていないことを確認する必要がある）。

アグロバクテリウム法を介したゲノム編集植物の作製は、遺伝子組換え生物を介することから、新しい遺伝子導入法を用いた植物ゲノム編集法が近年開発されている。この方法では、植物組織の細胞壁をセルラーゼによって分解し、細胞壁を取り除いた細胞（プロトプラストとよばれる）を作製する。このプロトプラストに、クリスパー・キャス９のＲＮＰを直接導入し、細胞を増殖させることによってゲノム編集を行った細胞の塊（カルス）を誘導する。目的の遺伝子改変を確認できたカルスから植物体を再分化することによって、外来遺伝子を含まないゲノム編集個体の作出が可能である。既にタバコやレタスでこの方法が有効であることが証明されている。動物の卵でのゲノム編集同様に、遺伝子組換え生物の作製を介さない方法であることから、社会受容にもつながる有用な方法と考えられる。改善が必要な点としては、カルスから植物個体への再分化を全ての植物種でできないことである。さらに最近、イネの受精卵にクリスパー・キャス９のＲＮＰを導入する方法が確立された。これによってイネでは、動物のゲノム編集と同様に遺伝子組換えを介さないでゲノム編集品種が作られ、品種改良のスピードがさらに上がっていくものと予想される。

5-4 ミトコンドリアDNAや葉緑体DNAのゲノム編集

細胞の中には、核だけでなくミトコンドリアや植物細胞の葉緑体などの細胞小器官中にもDNAが存在する。ミトコンドリアや葉緑体中のDNAは、細菌と同様に環状の構造であり、コードされている遺伝子は細菌と同様にイントロンが見られない。細菌との類似性が見られることからも、これらの細胞小器官は細胞内共生の細菌由来であると考えられる。ミトコンドリアは、細胞に必要なエネルギー（ATP）を作り出すのが主な働きである。

アポトーシスとよばれる核の凝縮や断片化、DNAの断片化を伴う細胞死にはミトコンドリアが深く関係している。ミトコンドリアDNAには、ATP産生に必要なタンパク質やタンパク質の翻訳に必要な遺伝子がコードされており、独自の翻訳系を有する一方、細胞から多くのタンパク質が輸送されて、ミトコンドリアの制御を行っている。ミトコンドリアでは、ATP産生に際して大量に発生する活性酸素によってDNAへ高い効率で変異が導入され、これが原因で大量のエネルギーを必要とする骨格筋や脳での障害が発症する。

ミトコンドリアDNAのゲノム編集は、疾患の治療を目指した研究として進められている。この目的のためには、ミトコンドリア内へ効率よくゲノム編集ツールを運ぶ必要がある。ミトコン

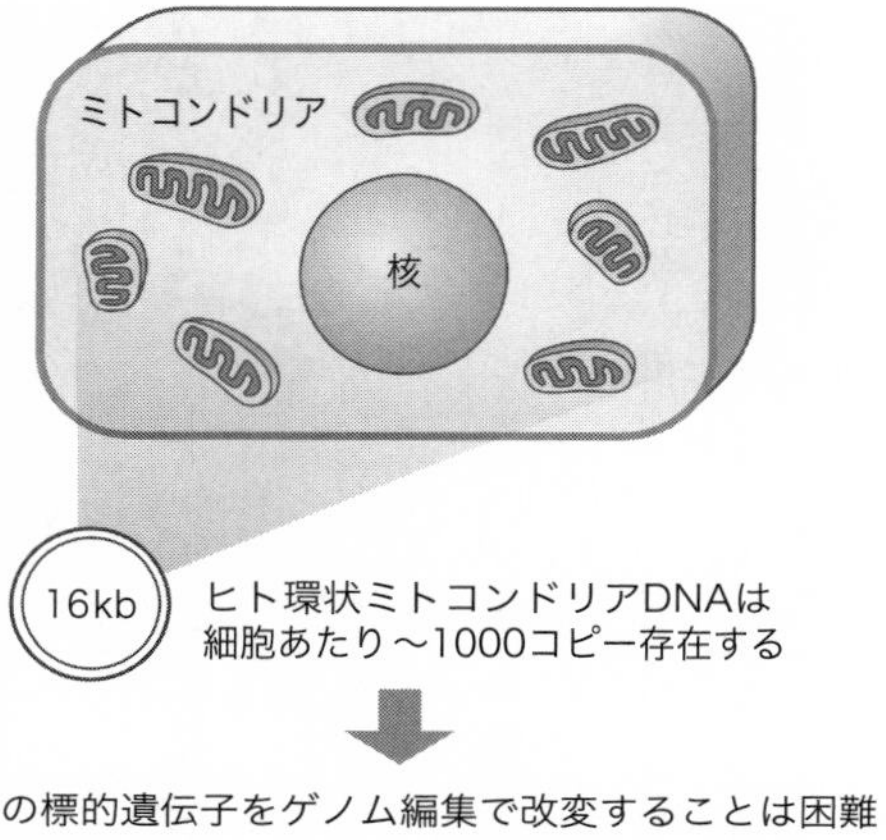
ミトコンドリア
核
16kb
ヒト環状ミトコンドリアDNAは
細胞あたり～1000コピー存在する
全ての標的遺伝子をゲノム編集で改変することは困難

図5-4 ミトコンドリアＤＮＡのゲノム編集は簡単ではない

ドリアへは、細胞質から輸送されるためのシグナル配列（ミトコンドリア標的配列）が報告されており、この配列を付加することによってゲノム編集を実施する研究が進められてきた。これまでにターレンを使って改変できることが報告されているものの、細胞あたりのミトコンドリアＤＮＡのコピー数は非常に多い（ヒトでは～１０００コピー）ことから、全ての標的配列を改変することは難しいと考えられてきた（図５‐４）。最近、マウスを用いたミトコンドリア病モデルで、ターレンを使ったゲノム編集が可能なことが示され、治療への応用が期待されている。

植物の細胞小器官である葉緑体は、光合成に必要な遺伝子をコードする葉緑体ＤＮＡをもっている。葉緑体中で転写・翻訳されるとともに、細胞質から輸送されるタンパク質によって葉緑体は機能する。このことから、葉緑体DNAの遺伝子を改変することによって、物質生産を効率的に行う植物の作出が期待されている。葉緑体へ遺伝子を導入する技術として遺伝子銃を用いたパーティクルガン法による導入が開発されてきた。パーティクルガン法は、金などの金属粒子にDNAを付着させ、ヘリウムガスの圧力によって、細胞壁を貫通させて導入する方法である。しかしながら、この方法でのゲノム編集ツールの葉緑体への導入率は低く、改良が必要とされていた。さらに、ミトコンドリアDNAと同じくコピー数が多い（細胞あたり数千から1万コピー）ことも、葉緑体DNAのゲノム編集を難しくさせていた。最近、葉緑体局在シグナルや人工の膜透過シグナルを利用した植物での遺伝子導入方法が開発され、これらを利用した葉緑体でのゲノム編集も今後可能になると予想される。

※1　遺伝子ファミリーとは、進化の過程で遺伝子の重複が起こり形成された、類似の機能をもつ遺伝子群である。例えば、Ｈｏｘ遺伝子は、ヒトでは染色体レベルの重複が2回起こり、4セットのＨｏｘ遺伝子が存在している。

※2　マイクロＲＮＡとはゲノム上にコードされた20数塩基のＲＮＡでタンパク質をコードしていない。ヒトでは２０００種以上が発見され、遺伝子の発現制御に働いている。

第6章

ゲノム編集の産業分野での可能性

6-1 ゲノム編集で有用物質を産生する微生物を作り出す

大腸菌や酵母を代表とするモデル微生物では、遺伝子を導入することや相同組換えによる遺伝子改変も簡便であったことから、遺伝子の複製や転写・翻訳などの細胞のもつ基本的なメカニズムの研究が微生物をモデルとして進展してきた。このように歴史的に遺伝子改変が開発されてきた微生物では、「ゲノム編集技術は必要でしょうか?」という質問を、私のような発生生物学の研究者が微生物の専門研究者に投げかけると、多くの研究者から「あまり必要とは思えません」という答えがよく返ってくる。確かに、大腸菌や酵母では自在に遺伝子改変が可能であるが、ゲノム編集では1つの遺伝子の改変だけでなく、複数同時改変も可能である。

2つ以上の遺伝子を同時に改変することができる技術はこれまでもなかったのである。また現状では、モデル微生物以外(産業用の微生物など)では、狙って遺伝子を改変する技術は確立していない。この理由はいくつか考えられるが、1つの理由は、遺伝子導入の効率が低いことである。また、微生物によってゲノム編集ツールを発現するベクター(DNA)を効率的に入れることが難しいことがあげられる。さらに微生物によってDNA修復経路の活性が異なる点も原因となる。原核生物の多くでは、DNA二本鎖切断はドナーDNAを入れておくとそれを鋳型にDN

A修復経路の1つである相同組換えで修復されるが、ドナーDNAがないと修復システムが働かないのでDNAが連結できず死滅する場合がある。

微生物が人々の生活には欠かせないことは言うまでもない。発酵食品は微生物（かび、酵母、細菌など）の力を借りて作られる。例えば、種々のアミノ酸を発酵生産するバイオテクノロジーは、遺伝子組換え技術以前から行われてきた。遺伝子組換えが可能になってからは、ヒトのインスリン遺伝子や成長ホルモン遺伝子を組み込んだプラスミドDNAを大腸菌へ導入し、薬として生産している。このような成功例を見ると、どんな微生物でも遺伝子組換えを使えば、有用な物質を産生させることができるのではと思われるが、そう簡単にいくものではない。

実際には、物質産生に利用できるのは古くから研究が進められてきた一部の培養可能なモデル微生物であり、環境中に存在する微生物は単離培養することさえ難しい場合もある。しかし、このような状況も環境微生物ゲノムの網羅的解析（メタゲノム解析）が可能となり、多様な微生物のゲノム情報が取得できる現在では、ゲノム編集技術の適用が可能である。これまで改変が困難と思われていた微生物でもゲノム編集での高機能化が期待できる。筆者らは、糸状菌や麹菌においてプラチナターレンを用いたゲノム編集が有効であることを共同研究によって示してきた。さらに、クリスパー・キャス9の得意とする複数遺伝子の同時改変によって、今後微生物でのゲノム編集による有用菌種開発が加速していくものと予想される。

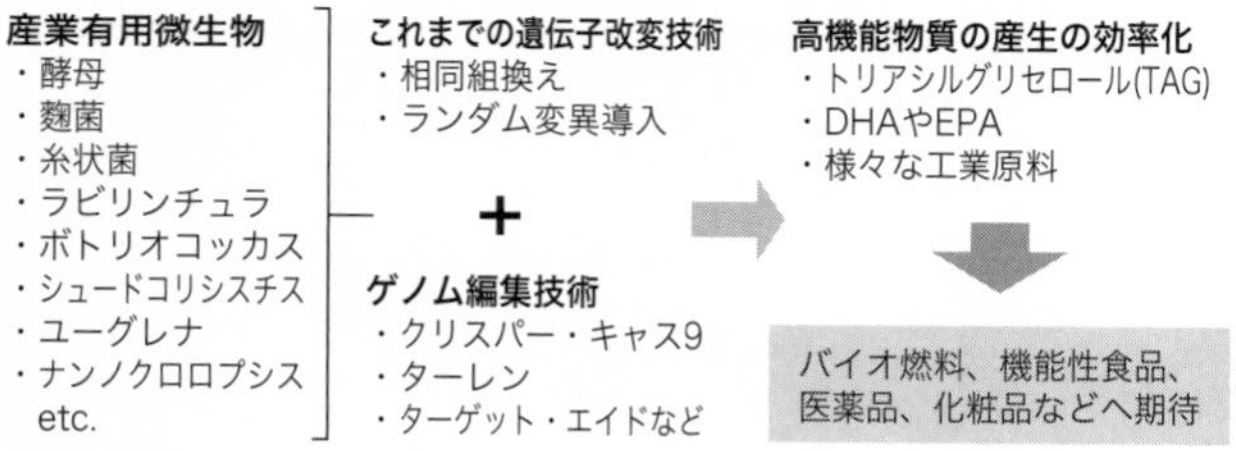

図6-1　産業微生物でのゲノム編集の可能性

有用物質として長年注目されているのが、微生物が作り出すバイオ燃料に利用可能な油脂である。微生物が蓄積する油脂には、さまざまなタイプのトリアシルグリセロール（ＴＡＧ）が含まれている。ＴＡＧは、グリセロールに３つの脂肪酸を結合した構造で、生物のエネルギー源として利用されている。油脂を産生する生物種としては、トウモロコシやサトウキビなどの植物以外に油脂を蓄積する「微細藻類」が注目されている。微細藻類は、湖や海など様々な場所で成育するが、これらの微生物が産生する油脂を化石燃料に代替できる可能性があることで注目されている（図６－１）。

　これまでに、ボトリオコッカスやシュードコリシスチス、ユーグレナなどの微生物が作る油脂も注目されてきた。微細藻類は栄養条件が悪く増殖することが難しい環境において、デンプンの代わりに油脂を蓄積するのである。皮肉なことに、栄養条件が良好で増殖できる環境ではうまく油脂を生成してくれない。そのため、油脂を大量に生産する藻類の開発はいまもって実現していない。筆者らは、海産性の微細藻類であるナンノクロロプシスに着目し、ゲノム編集によって遺伝子改変を行い、栄養条件が良好な環境でも油脂を大量に合成してくれる品種の開発を進めている。

ナンノクロロプシスは、細胞の重さに対して50％以上の油脂を貯め込む性質を有し、高密度での培養も可能である。全ゲノム情報が解読されており、標的とする遺伝子の塩基配列情報を入手することが可能である。筆者のグループでは、ナンノクロロプシスに最適なプラチナターレンを構築し、それを使った高効率な遺伝子改変に成功している。これらの技術開発は、ナンノクロロプシスにとどまらず、様々な藻類で利用可能になるよう開発を進めることが望まれている。しかし藻類ごとにゲノム編集ツールの導入効率が異なり改変がうまく進まない、あるいは藻類によっては大量培養のシステムが確立していないことから、プラットフォーム技術の開発が思ったほど進んでいないのが現状である。

２０１５年国連サミットで国際社会共通の目標として定められた持続可能な開発目標（ＳＤＧｓ《エス・ディー・ジーズ》：Sustainable Development Goals）を実現するため、世界各国で様々な取り組みが行われている。ＳＤＧｓでは17の目標が掲げられ、その中には「エネルギーをみんなに そしてクリーンに」という目標が含まれている。この目標を実現するための再生可能なクリーンなエネルギーを作り出す技術として、藻類でのバイオ燃料開発には大きな期待がかかっている。

6-2 ゲノム編集を作物や果実の品種改良に利用する

ゲノム編集は、これまでの品種改良技術に比べると、効率的かつ迅速に新しい有用品種を作出することができる技術である。このことは、世界的な食料問題の解決や気候変動に耐える作物の品種作出に必要不可欠な技術であることを意味する（図6－2）。既にゲノム編集によって、生産性の向上、ストレス耐性や耐病性を農作物へ付与する研究が世界中で進められている。特に米国と中国を中心として、ゲノム編集を利用した品種改良が競って進められている。

米国や中国を中心として、ターレンやクリスパー・キャス9を使ったゲノム編集によって様々な作物（イネ、コムギや大豆など）の遺伝子改変研究がこれまで報告されてきた。国内では粒の数や大きさを増加させるイネや、人工授粉の必要のないトマトの開発に成功している。

米国では2015年に、褐色化を引き起こす遺伝子群であるポリフェノールオキシダーゼ遺伝子についてクリスパー・キャス9を用いて欠失変異を誘導したマッシュルームの品種改良が報告された。この品種は、自然突然変異で起こりうる変異しか有しておらず、外来遺伝子を含まないことから、米国農務省（USDA）において遺伝子組換え作物とは異なり規制対象外とされている。さらに、2019年にターレンを用いて作出された大豆から大豆油（Calyno）が商品化さ

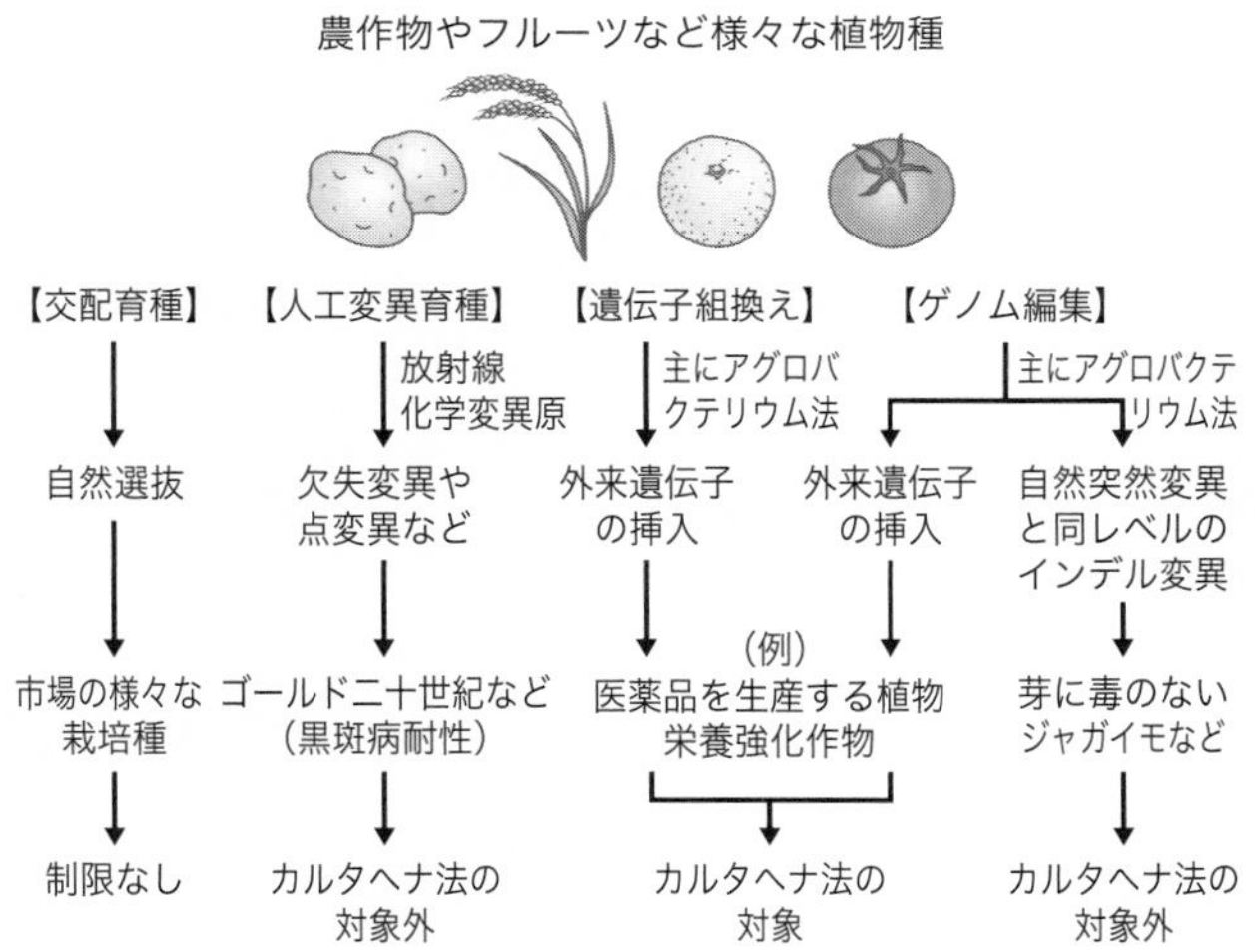

図6-2　ゲノム編集で有用な農作物品種を作る

ゲノム編集で作出した自然突然変異と同レベルの変異をもつ作物では、ゲノム編集ツールの発現カセットが残っていないことの確認が必要である。

れた。米国のデュポン社は、収量の高いトウモロコシの開発をクリスパー・キャス9のゲノム編集で進めている。

農作物に加えて、果実でのゲノム編集も進行中である。ブドウ、グレープフルーツ、リンゴなどで、ゲノム編集技術を用いて、さまざまな病気への耐性を付与することを目指した研究が進められている。果樹での品種改良は特に時間を要することから、ゲノム編集を使った品種改良は重要な技術となる可能性が高い。

品種改良でのゲノム編集技術の重要性は高まる一方であるが、植物のゲノム編集は動物のそれに比較して、いくつか難しい点がある。生物の進化過程では、染色体が倍加され、通常の2倍体以上の染色体セットを有して安定した状態となる場合がある。この現象は「倍数化」とよばれる。この現象は動物でも起こるが、特に植物において倍数性の高いゲノムを有する種が多く存在する。

例えば、多くのイチゴは栄養繁殖（種子を介さないで茎や根などから育てる）によって栽培されているが、栽培種では8倍体など高い倍数性を示す。このようなゲノムが倍加した生物でゲノム編集を行う場合は、全ての遺伝子に改変を加えるため、ゲノム編集の難易度が大きく上昇する。4倍体のジャガイモでは、ゲノム編集によって同時に4つの遺伝子を改変することが必要になる。大阪大学の村中俊哉博士らのグループは、ターレンやクリスパー・キャス9を使って、ジャガイモの新芽の毒素ができない品種の開発を行ってきた。アグロバクテリウム法によって、食中毒の原因となるステロイドグルコアルカロイド（SGA）の合成に関与するSSR遺伝子の破壊に成功し、チャコニンやソラニンなどのSGAの産生が低下することが示された。毒のないジャガイモの開発に加えて、国内ではGABAの豊富なトマト（血圧の上昇を抑えることが期待される）や穂の数が多く収量の高いイネ、低アレルゲン大豆などの品種改良が進められている。筑波大学の江面浩博士は、ゲノム編集での品種改良によって有用品種の種子を生産するサナテックシード株式会社を2018年に設立した。

日本国内においては、ゲノム編集で改変された生物の取り扱いについて方針が示されている（2019年、環境省）。ゲノム編集ツールを導入する操作の多くは、遺伝子組換え実験に当たるが、作製された生物で外来遺伝子を含まないことが確認されたものは遺伝子組換えに当たらない。遺伝子ノックアウトがこれに該当し、作製された生物は自然突然変異で起きうる変異のみ有するため、従来の突然変異育種で作出したものと区別することは困難である。

これに対して、遺伝子ノックインで作られた作物は基本的に遺伝子組換え生物である。ただし、ノックインされた遺伝子が同じ生物種であれば、セルフクローニングとして遺伝子組換え生物から除外することができる。ゲノム編集で品種改良された農作物等が、食品として流通しうる段階を迎えるにあたって、ゲノム編集技術を利用して得られた食品等の取り扱い（生物多様性への影響の観点からの取り扱い、食品としての安全性の確認手順、表示等）について、関係各所（厚生労働省と消費者庁など）からの情報提供と一般市民との意見交換が進められている。食品としての安全性（アレルギー物質の産生や成分分析）を確かめた上で、消費者にとって有用な品種を作出・利用していくことが重要となる。また、消費者がゲノム編集食品を選択する権利を確保することも社会での受け入れには必須である。

6-3 除草剤耐性の作物をゲノム編集で作る

除草剤によって、雑草を枯らして目的の農作物を優位に生長させることは、農作物の収穫量を高めるための有効な方法である。グリホサート（ラウンドアップ）は、植物体内の芳香族アミノ酸生合成経路に関わる酵素を阻害する除草剤である。グリオホサートによって、必要なアミノ酸の合成が阻害され植物は枯れてしまう。グリホサートは、散布した全ての植物に作用するために、農作物を生長させるためにはグリホサートが効かないように改変することが必要である。この目的で、遺伝子組換えを利用した方法によって、グリホサート耐性を付与した大豆、トウモロコシが作られている（日本国内での商業栽培は行われていない）。これらの遺伝子組換え作物には、細菌に由来するグリホサートを代謝する遺伝子などが組み込まれている。

前述の方法は、遺伝子組換え技術を利用しているが、ゲノム編集によっても除草剤耐性を効率的に付与することが可能である。多くの除草剤は、生長に必須な酵素（タンパク質）の働きに重要な部分に結合し、機能を阻害する。ゲノム編集では、農薬が結合しないあるいは結合親和性を弱める目的で点変異や欠失変異を導入する一方、酵素の活性を阻害しないようにすることができる。このような欠失変異をもつ作物は、外来遺伝子が含まれていなければ自然突然変異体と同様に栽培することが可能なことから、新品種の開発が加速している。既に、除草剤耐性のイネの作出が報告され、除草剤耐性のナタネについて米国企業で栽培まで進んでいる。

6-4 養殖魚でのゲノム編集

魚におけるゲノム編集は、基礎研究では小型魚類のメダカやゼブラフィッシュで技術開発が進められてきた。特にメダカは、日本人にはなじみの深い淡水魚であり、古くから発生研究や環境評価のモデル生物として使われてきた。飼育が簡単であることから、日本人の愛好家の間で掛け合わせによって多くのユニークな系統が作られている。

熱帯魚であるゼブラフィッシュは、世界の研究者が発生研究や疾患の研究のモデル動物として利用している。これらの小型魚では、顕微鏡で観察しながら受精卵へＤＮＡを注入する方法が確立しており、遺伝子組換え技術やトランスポゾンを使った変異体の作製などが可能である。また、国内では化学変異原を利用した突然変異体が全ての遺伝子に対して網羅的に作製され、ナショナルバイオリソースプロジェクト（ＮＢＲＰ）から提供されている。ＰＣＲ（ポリメラーゼ連鎖反応）を使って目的の変異を効率的に選抜する方法（TILLING法）※章末注1が開発されてからは、対象遺伝子の変異体の入手も簡便となってきた。これらの技術的基盤が整備されていることから、受精卵へのゲノム編集ツールの導入によってモデル魚類でのゲノム編集の適用は非常に早い段階で成功した。

前述の小型モデル魚の研究成果をもとにして、養殖魚においてもゲノム編集を使った品種改良が現在進められている。標的とされた遺伝子は、ミオスタチンをコードする遺伝子で、このタンパク質は筋肉細胞の増殖を抑制する機能をもっている。ヒトを含む脊椎動物でミオスタチン遺伝子の機能が保存されており、ミオスタチン遺伝子のノックアウトによって、筋肉細胞が増加することが期待された。既に京都大学の木下政人博士らは、ゲノム編集によって肉厚の形質をもったマダイの作出に成功している。木下博士はゲノム編集での水産業の活性化を目指し、2019年リージョナルフィッシュ株式会社を設立した。

マグロは日本人に人気のある寿司ネタの一つであり、近畿大学ではマグロの完全養殖に成功している。マグロは受精から1mの成魚になるまでに3年の期間を要する。そのため飼育マグロの生存率が重要なポイントとなる。しかし、マグロは神経質な動物であり、音や光に過敏に反応して養殖網に衝突し30%以上が死亡するため、生産効率が大きな問題となっている。この問題を解決するため、内閣府の戦略的イノベーション創造プログラム（SIP）において、ゲノム編集によってマグロの性格を変える計画が2014年から進行している。神経質なマグロにおとなしい性質をゲノム編集によって付与するという計画である。筆者もこのプロジェクトに参加し、マグロの標的遺伝子を切断するプラチナターレンを作製し、マグロの性格に影響を与える遺伝子（筋肉組織においてシグナル伝達に関係するカルシウムチャンネル遺伝子）の改変に成功した（ゲノム編集マグロにおいて機械刺激に対する回避行動が野生型マグロに比較して鈍くなることが実験で証明された）。

天然資源としてのマグロが減少する状況においては、完全養殖とゲノム編集を組み合わせることは重要と考えられる。今後は、その他の養殖魚においてもゲノム編集が積極的に使われていくものと予想される。ほかにも、鋭い歯をもつフグが、養殖において互いを傷つける問題が解決できる可能性がある。

6-5 家畜でのゲノム編集の必要性

ブタやウシは、食肉源として重要であり、乳牛は牛乳と乳製品などの加工品にとって必要不可欠である。そのため有用な物質を豊富に含む品種の作出は、畜産農家や食品メーカーにとって重要な課題である。家畜でのゲノム編集は、ブタやウシ、ヤギ、ヒツジにおいて既に複数の研究グループが成功例を報告している。ブタでのゲノム編集は、肉量を増やすためにマダイ同様にミオスタチン遺伝子を破壊した筋肉細胞が増加したブタの作出が国内外から報告された。

当初ブタでのゲノム編集は、ブタの線維芽細胞でゲノム編集を行った後に、その改変細胞から核を取り出し、受精卵へ移植する方法（体細胞クローン技術）から進められてきた。しかし体細胞クローン技術は、遺伝子改変の正確性は高いものの、専門的な技術が必要なことに加えて産仔率が低いという問題があった。そのため、最近では受精卵へゲノム編集ツールを顕微注入する方法がブタの遺伝子改変法の主流となっている。さらに、最近では、クリスパー・キャス９のＲＮＰを電気穿孔法（エレクトロポレーション法）によって導入し、遺伝子改変個体を作製する方法も可能となってきた。エレクトロポレーション法は、培養液中の卵に通電することによって、一過的に細胞膜に穴を空け、ゲノム編集ツールを取り込ませることができる。この方法は、簡便かつ多くの卵へ同時にゲノム編集ツールを導入できる優れた方法である。

養豚においては、ＰＲＲＳウイルスの感染を原因とする豚繁殖・呼吸障害症候群（ＰＲＲＳ）が大きな問題となっており、その被害は国内で毎年２８０億円（日本豚病研究会報、２０１３）、欧米では２７００億円と推定されている。このウイルスに感染した妊娠ブタには早産や死産が多く見られ、子ブタでは呼吸器症となる。これまで、ＰＲＲＳウイルスの感染に関わる受容体（細胞膜上のタンパク質）が複数発見されている。一般に、ウイルスは細胞膜上にあるタンパク質を介して細胞内へ侵入する。ウイルスは、細胞外からの刺激を受け取るタンパク質（受容体）を利用して、細胞内へ入り込むのである。２０１７年、英国エジンバラ大学は、ＣＤ１６３とよばれ

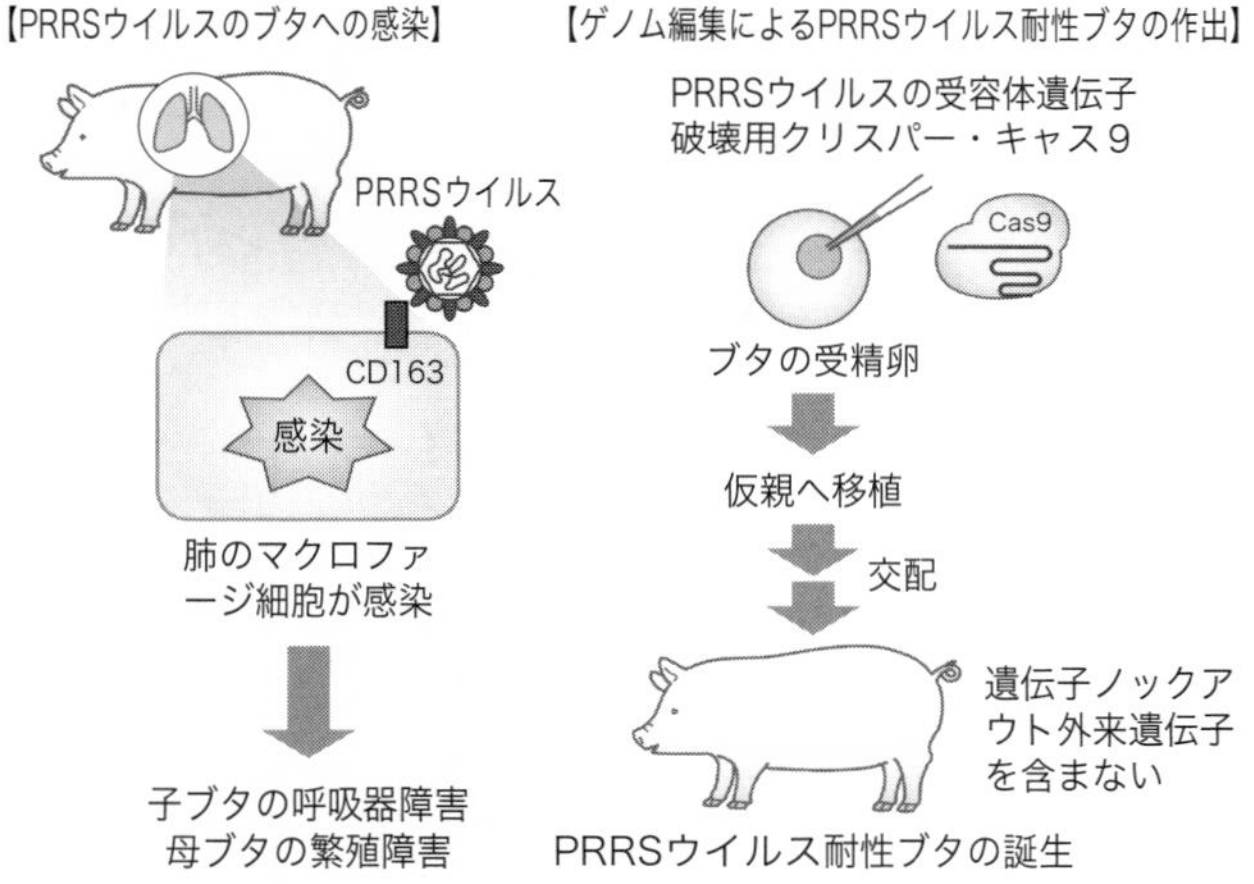

図6-3　病原性ウイルス耐性ブタの作出

る受容体をクリスパー・キャス９で改変し、作製された細胞やブタがＰＲＲＳウイルスに感染しないことを発表した（図６－３）。

受容体が生物の生存にとって重要な働きをしている場合は、改変が本来必要な細胞機能に影響を与える可能性もある。そのため、受容体の改変の細胞への影響をよく確認してからゲノム編集を利用することが重要である。同様の方法は、他の様々な家畜に病気を引き起こすウイルス（例えば豚熱ウイルス）の感染を防ぐ技術開発につながる可能性がある。それぞれのウイルスが感染に利用している受容体タンパク質が明らかになれば、ウイルスの感染を抑える基盤技術開発につながるであろう。

乳牛や肉牛においては、ゲノム編集と体細胞クローン技術を組み合わせた遺伝子改変個体の作製技術が確立されている。農研機構では、クリスパー・キャス9での疾患変異の切断と修復細胞の選別とそれを用いた核移植によるクローン牛の作製に成功している。この他、乳牛は角が原因でお互いを傷つけることから、ゲノム編集によって角を消失させる研究も進んでいる。

6-6 ゲノム編集は食物アレルギーの問題を解決する

食物アレルギーの原因となる物質（アレルゲン）は、そのほとんどがタンパク質である。鶏卵、牛乳やコムギには、複数のアレルゲンが含まれ、乳幼児や学童の重篤なアレルギー症状は大きな社会問題となっている。アレルゲンとなるタンパク質は、その構造特異的に症状を引き起こす場合、熱処理などによってアレルゲン性を低下させることも可能であるが、アレルギー物質そのものの含量を低減する技術は重要である。このアレルゲン低減の技術として、最近ゲノム編集が注目されている。

ニワトリは、栄養価の高い卵と食肉を安価に供給するための重要な家禽であるとともに、卵白成分のリゾチームはかぜ薬の成分として利用されている。また、インフルエンザワクチンはニワトリ受精卵を用いて作製されており、医薬品の生産などにもニワトリには大きな期待がよせられ

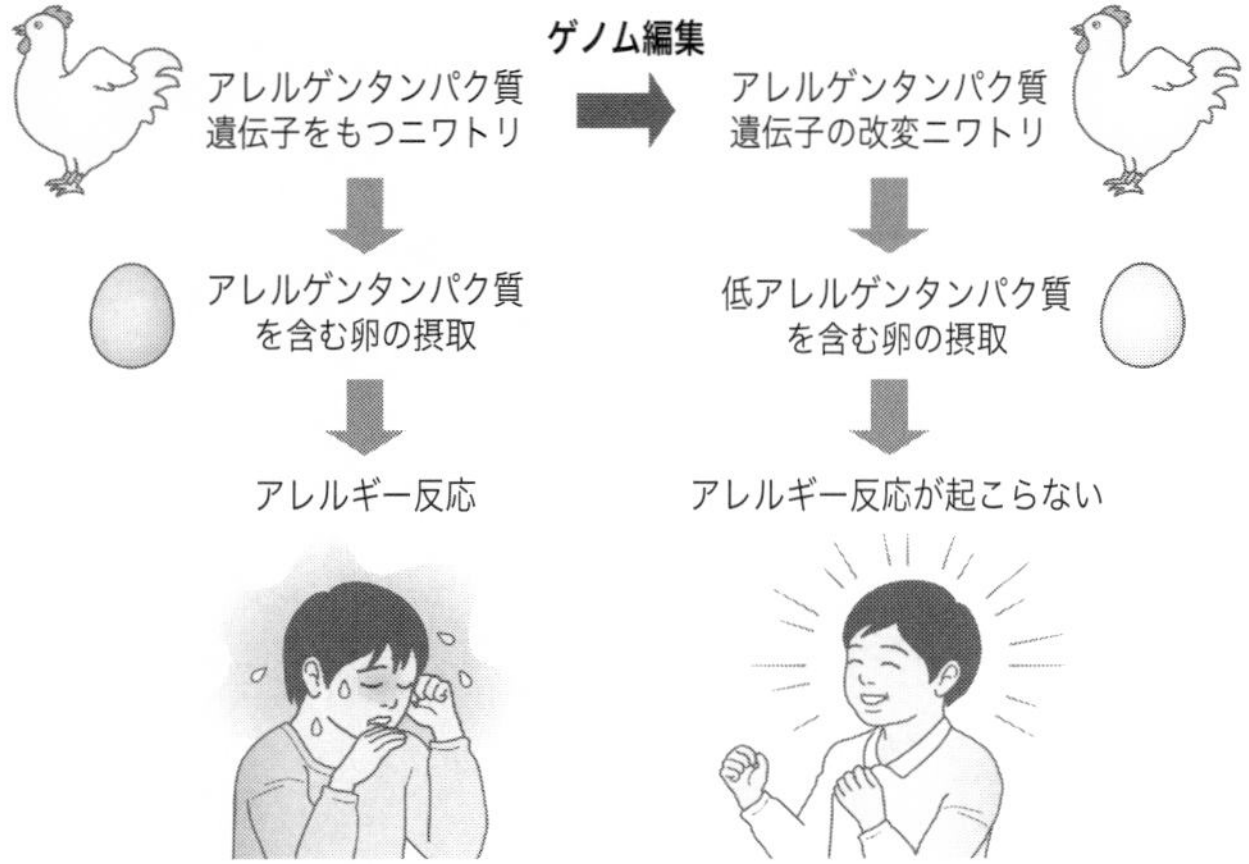

図6-4　低アレルゲン卵を産むニワトリの開発

ている。

一方、鶏卵のアレルギーは、乳幼児期に非常に強く、アレルゲンとしてはオボムコイドやオボアルブミンが有名である。特にオボムコイドは熱に強く、酵素によっても分解されにくい卵白タンパク質であるので、オボムコイド遺伝子を破壊することによって、アレルゲンフリーの鶏卵を作り出すことを目指した研究が進んでいる（図6－4）。

ニワトリの遺伝子改変では、これまで胚性幹細胞（ＥＳ細胞）を作製する技術が確立されてきた。ＥＳ細胞に遺伝子改変用のドナーベクターを導入することによって、遺伝子を改変したＥＳ細胞を作製し、これを胚に戻すことによって遺伝子組換えニワトリの作製が可能であった。この方法は、ＥＳ細胞を用いることから高い技術と時間を必要とするため、ニワトリにおいてもゲノム編集の利用が試みられた。

ここで大きな問題となったのは、ニワトリでは、他の動物と同様の方法によってゲノム編集を進めるのが難しいことである。ニワトリの卵は産み落とされる段階では、既に大きく堅い殻に覆われているため、ゲノム編集ツールを導入することができない。また、大きい卵でゲノム編集をするためには、大量のゲノム編集ツールが必要となり現実的ではない。

そのため、ニワトリのゲノム編集には、前述のＥＳ細胞に加えて、始原生殖細胞（ＰＧＣ）が利用されている。ＰＧＣは発生初期に現れる、将来精子や卵に分化する細胞である。ニワトリのＰＧＣは、一時的に血管に入り込み血液中を移動する性質がある。このＰＧＣを回収し、ＰＧＣにゲノム編集ツールを導入することによって標的となる遺伝子を改変する。さらに、そのＰＧＣを胚に戻すことによってゲノム編集ニワトリ個体を作出することが可能である。これらの方法を利用してオボムコイドを含まない鶏卵を産むニワトリ品種が作られるのもそう遠くないであろう。低アレルゲン卵が量産できるようになれば、卵アレルギーの子供が卵の入った食品を食べることも将来できるようになるかもしれない。

ウシやヤギの乳においては、乳清タンパク質のラクトグロブリンがアレルゲンとなっている。中国では複数の研究グループが、β‐ラクトグロブリンに着目し、ヤギにおいてこの遺伝子のノックアウトとヒト遺伝子への置換研究を進めている。ヒト遺伝子との置換は遺伝子組換えになるものの、単にアレルゲン遺伝子をノックアウトする場合は遺伝子組換えに当たらないことから、乳の低アレルゲン化を行う重要な技術となることが期待できる。このように、アレルゲンがタンパク質の場合、その情報をコードする遺伝子の改変によって、低アレルゲン化は不可能ではない。今後様々な作物（コムギや大豆やイネなど）の低アレルゲン化研究がゲノム編集を利用して進展すると予想される。

6-7 ゲノム編集でスギ花粉症を抑える

花粉症は、日本人を悩ませるアレルギー症状の1つである。この大きな原因となっているのが、春先から全国で飛散のピークを迎えるスギ花粉である。花粉症を抑える抗アレルギー薬は日進月歩で開発されているが、根本的な解決のためには、スギ花粉の飛散を抑えるスギの樹木としての改良が必要である。この問題の解決を目指して、国立研究開発法人の森林総合研究所では、遺伝子組換え技術を使って花粉を作らないスギ（雄性《ゆうせい》不稔《ふねん》）の開発を進めている。

この研究では、スギの花粉形成を抑制する細菌由来の2種類の遺伝子を、アグロバクテリウム法によって、スギの種から作られた培養細胞のゲノム中に挿入した。この操作によって花粉を作

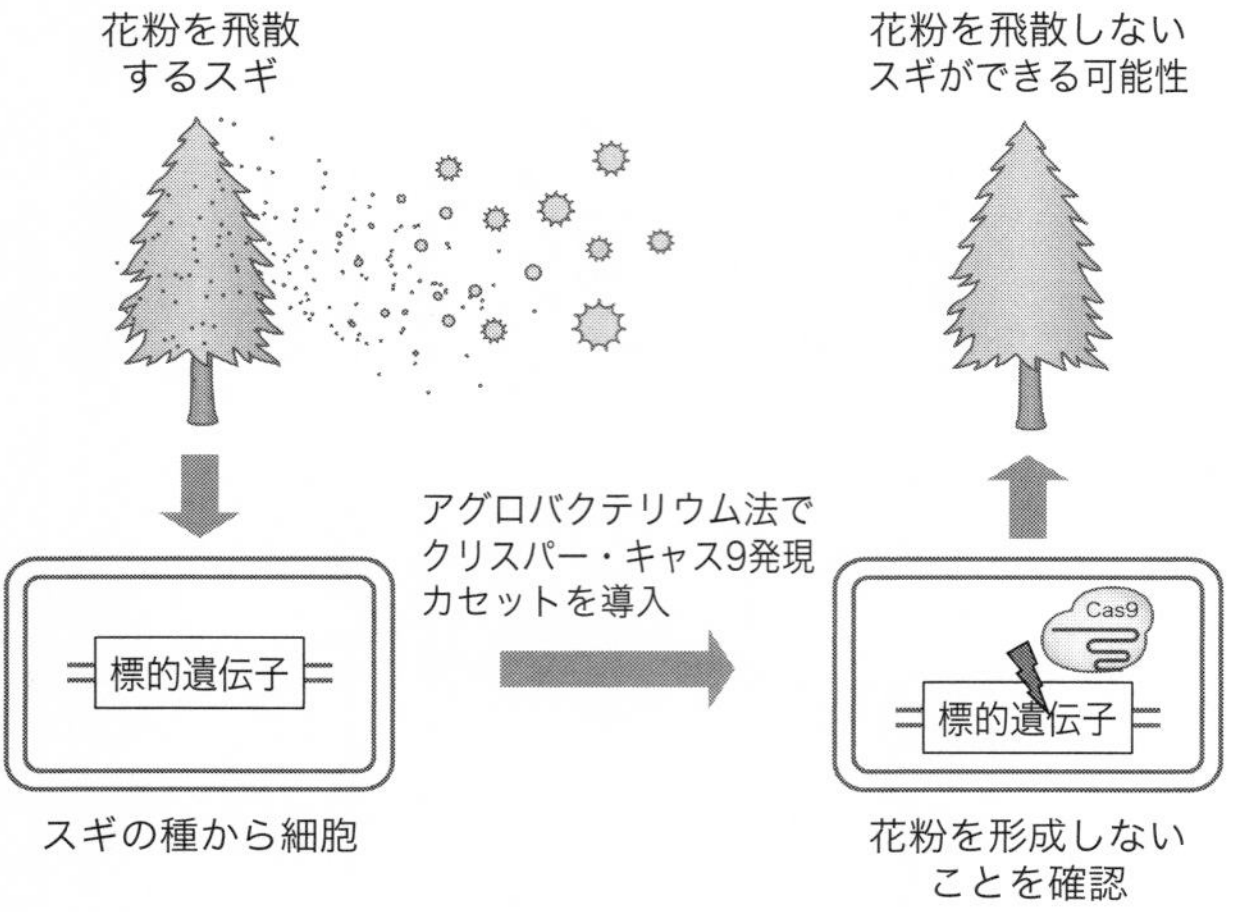

図6-5 ゲノム編集で花粉を飛散しないスギを作る

る能力を失わせたスギの細胞を作る技術が開発されたのである。しかし、外来遺伝子を組み込んだ遺伝子組換え樹木を野外で育てることは、生物多様性を維持する国際条約（国内では遺伝子組換え生物はカルタヘナ法によって規制されている）の第一種実験となるため、野外で生育させることは容易ではない。

このような状況から、外来遺伝子を組み込まない花粉を作らないスギをゲノム編集によって作ることができれば、将来、野外での生育可能性が考えられる。内閣府のSIP事業の中では、ゲノム編集ツールとしてクリスパー・キャス9を利用して、花粉の形成に関係する遺伝子をノックアウトすることによって、花粉を飛ばさないスギの作出が進められている（図６－５）。

スギの種から作製された細胞へ、アグロバクテリウム法によって、花粉形成遺伝子を破壊するクリスパー・キャス９の発現ベクターを組み込んだ。その結果、作製したゲノム編集スギが花粉を作らないことが確認された。

これらの技術は、様々なアレルギーの原因となる花粉を出す植物へも適用可能と考えられ、今後の重要な技術となると期待される。ゲノム編集樹木を野外で生育させることができるかどうかは、自然突然変異と同レベルの変異であっても、ゲノム編集ツールの遺伝子を排除できているかどうか（遺伝子組換え生物になっていないこと）を確認する必要がある。さらに環境に与える影響を考察していくことが必要になる。

※１　TILLING法は、ランダム変異導入によって作製した複数の変異体から目的の遺伝子に変異が入った個体をＰＣＲとシークエンス解析によって選別する方法である。

第7章
ついに始まった医療への応用

7-1 ゲノム編集を利用した疾患モデルの細胞や動物の作製

遺伝子に入った変異が次世代へ受け継がれ、その結果として引き起こされる疾患は、遺伝性疾患とよばれる。現在までに5000を越える遺伝性疾患の原因遺伝子が発見されている。これらの遺伝性疾患を研究するためには、原因となっている遺伝子の働きとその遺伝子の変異の疾患への影響を調べることが重要である。この目的のため、疾患の原因と考えられる変異をもった細胞株を得ることによって、正常な細胞との比較が行われる。この場合、患者さんから細胞を提供してもらって研究すればいいと思うかもしれない。確かにそのような形で疾患細胞を入手して研究することも医療研究者は可能である。しかし、細胞の入手が困難な場合や研究に必要な細胞数にまで増やすことが難しい場合は、培養細胞にその変異を導入して疾患細胞を模倣した細胞を作り出す。この細胞を利用して、細胞の形や増殖に与える影響や細胞の生化学的な解析によって、疾患と変異の関係を調べるのである。しかしヒトの細胞を使って、自由自在に疾患の原因変異を作り出すことは、ゲノム編集以前の技術ではとても難しかった。

それではゲノム編集以前にはどうやって疾患のモデル細胞を作っていたのだろうか？　ランダムに変異を入れる方法では、目的の変異の入った細胞を選ぶ過程が非常に大変だったので、この方法で目的の細胞はなかなか作れない。そのため、相同組換え修復の活性が高い培養細胞株（ニワトリの免疫系細胞由来のＤＴ40細胞やヒト結腸がん由来のＨＣＴ１１６細胞、マウスＥＳ細胞など）を利用して、遺伝子改変細胞を作製していた。

例えば、ニワトリのＤＴ40細胞は免疫系の細胞で、非常に相同組換え活性が高い。この細胞では、ドナーＤＮＡを細胞へ導入するだけで目的の遺伝子を高効率に改変することができる。この方法を利用して、ＤＮＡの修復に関係する遺伝子など多くの遺伝子の機能がＤＴ40細胞を使って調べられてきた。

しかし問題は、ニワトリの細胞で証明された遺伝子の機能や生命現象が、他の生物でも同じと考えてよいかどうかという点であった。特に疾患モデルとなるとやはり哺乳類の細胞やヒト細胞での証明が必要と考える研究者が多かった。この問題を解決する強力なツールとなったのがゲノム編集である。ゲノム編集を使えば、目的の遺伝子改変がさまざまな哺乳類の細胞種において可能になった（細胞種によって効率は異なるものの）。これにより、疾患関連遺伝子の働きが次々と明らかにされる時代が到来した。

遺伝子疾患には、１つの遺伝子の異常によって引き起こされる疾患（単一遺伝子疾患）と複数の遺伝子の異常と環境要因が原因で引き起こされる疾患（多因子遺伝疾患）が知られている。ゲノム編集では、単一遺伝子を改変することができるだけでなく、クリスパー・キャス９を使えば、同時に2ヵ所以上に改変を行うことができるので、多因子遺伝疾患についても研究が進むものと期待されている。

実際、筆者の研究室では、同時に7つのガイドRNAを発現するベクターシステムを開発している。細胞種によっては複数の遺伝子の対立遺伝子（アレル）を全て破壊することは簡単ではないものの、原理的には可能となっている。

遺伝子が働かなくなることが疾患の原因であることに加えて、一塩基の変異や数塩基のインデル変異によってタンパク質の機能が低下する、あるいは機能が亢進することが疾患の原因となる場合がある。タンパク質の立体構造が、アミノ酸が1つ変わるだけで大きく変化し、それによって機能低下を引き起こし疾患の原因となり得る。このような疾患の原因変異を解析するためには、正確に同じタイプの一塩基変異やインデル変異（数塩基の欠失や挿入）を培養細胞に導入して疾患を再現する必要があるが、これまでの技術では、やはり難しかった。この点でもゲノム編集は技術的な困難さを克服している。例えば、一塩基レベルでの改変では、手本となるドナーDNAや一本鎖短鎖DNA（ssODNとよばれる）をゲノム編集ツールと一緒に入れてやることによって、変異を正確に再現できる（図7－1）。この場合でも、細胞種や標的の遺伝子座によって、成功率にはばらつきが見られるので注意が必要である。

疾患モデルは細胞に加えて、マウスなどの動物個体を利用して作製されている。ゲノム編集に

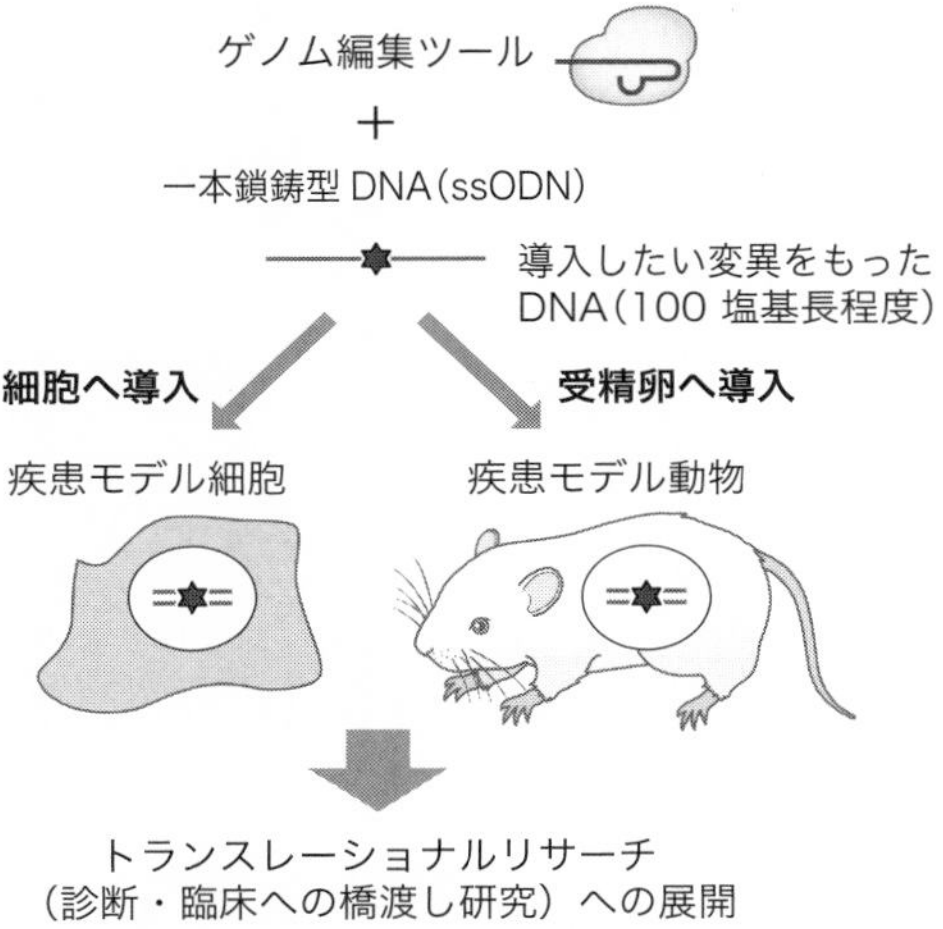

図7-1　疾患モデルの細胞と動物の作製

よって疾患の原因変異をマウスES細胞へ導入し、この改変ES細胞を用いて作製したマウスが、疾患モデルとして利用されてきた（第3章、3-6）。

ゲノム編集の開発以前の疾患モデル動物には、主にマウスが用いられてきたが、これはES細胞を介した方法によって他の哺乳類で遺伝子改変が困難であったことが原因であった（前述）。ゲノム編集での改変が可能になった今では、疾患モデルは、ラットやブタ、サルにまで拡張されている。特にクリスパー・キャス9が使えるようになってからは、複数の遺伝子を同時に同一個体内でノックアウトすることも比較的簡単になってきた。これらの技術によって、さまざまなタイプの疾患変異（欠失や挿入、一塩基置換）を再現することが可能になっており、動物の疾患モデル作製技術は確実に進展している。

特に多因子遺伝疾患のモデル動物には、マウスより大型のラット、さらにはマーモセットなどの霊長類が使われていくものと予想される。これらの疾患モデルは、トランスレーショナルリサーチ（診断や臨床法の開発へつなげる橋渡し研究）を大きく加速させることが期待されている。

7-2 ゲノム編集を使ってiPS細胞で疾患を再現する

遺伝性疾患の原因変異は、患者家系のゲノムを解析し、健常者のゲノムと比較することで候補を絞り込むことが可能である。この方法は次世代シークエンサーの解析能力が高まったことにより、それぞれの疾患で原因変異が絞られている。しかし、これらの変異が本当に疾患の原因となっているかどうかは、実験的に検証することが必要である。この目的で現在注目されているのが、iPS細胞（人工多能性幹細胞）での疾患モデル作製である。iPS細胞は、京都大学の山中伸弥博士が発明した万能細胞で、さまざまな細胞に分化する能力を有する優れた幹細胞である。iPS細胞は、からだのどの細胞からでも基本的に作製することが可能で、山中博士の発見した4つの転写因子を発現させることで作られた。4種類の転写因子が同時に発現することによ

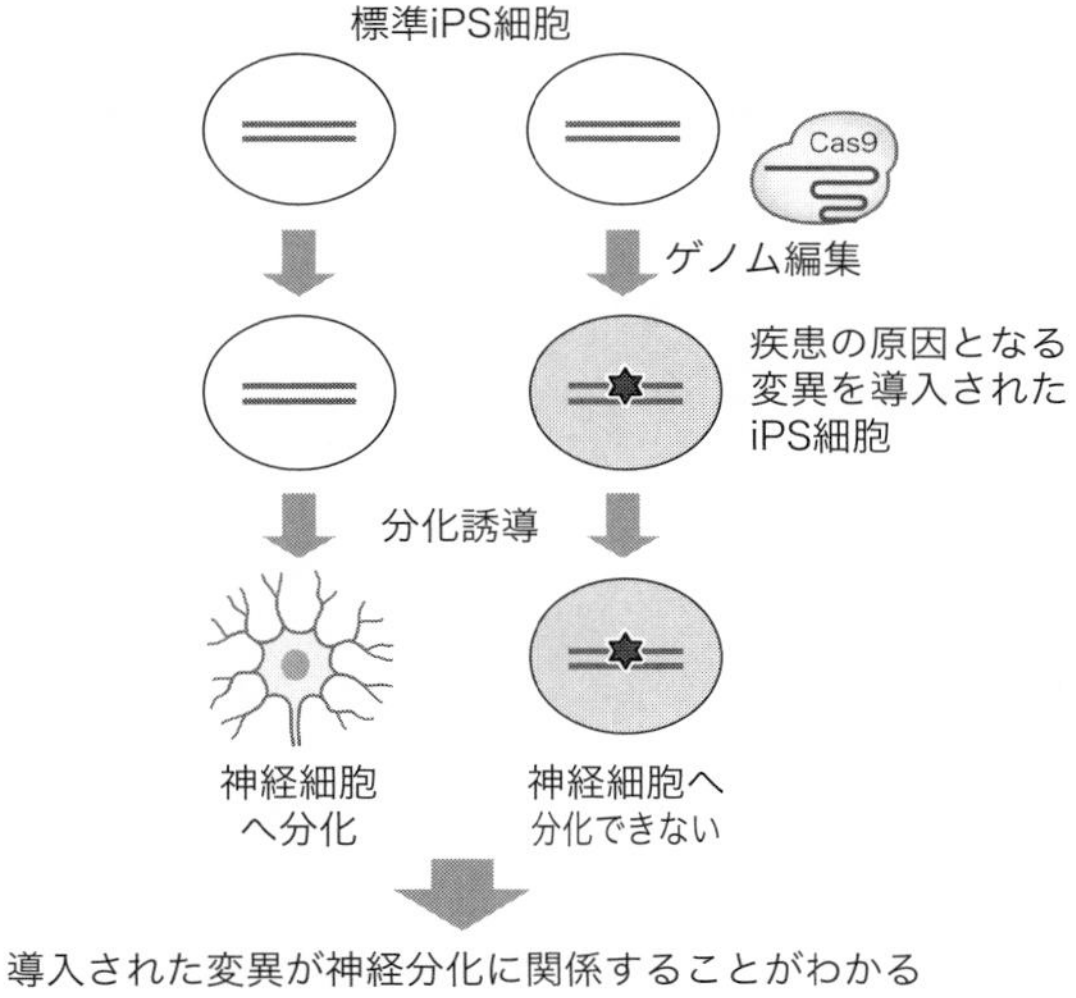

図7-2　iPS細胞を使った疾患の原因変異の特定

って、細胞は分化する前の状態へ戻る初期化（リプログラミング）が起きる。山中博士とジョン・ガードン博士は、分化細胞の初期化現象の発見についてノーベル生理学・医学賞を授与された。しかし、どのようにして初期化が起こるのか、その機構についてはいまだ明らかにされていない。この機構を解明し、細胞分化を自在にコントロールできれば、ノーベル賞級の研究になるかもしれない。

　iPS細胞は、目的の細胞に分化させることができるので、分化の過程を調べることによって遺伝子の異常が与える影響を調べることが可能である。つまり、iPS細胞に前述の疾患の候補の変異を導入することによって、疾患の原因変異であるかどうかを明らかにできる（図7－2）。

例えば、慶應義塾大学の岡野栄之博士のグループは、筋萎縮性側索硬化症[※章末注1]（ALS）の原因遺伝子の一つであるFUS遺伝子（FUSタンパク質はRNAに結合して働く）の一塩基変異を、ゲノム編集によって標準のiPS細胞へ導入し、その変異がALSの原因の1つであることを示した。今後は様々な疾患の候補の変異をiPS細胞でのゲノム編集によって検証する研究が進展することは間違いない。

一方、治療を考えたときには、疾患患者から樹立したiPS細胞において、変異を修復することによって正常な細胞を分化させる技術も重要である。このiPS細胞から正常細胞を分化させ将来治療に使うことも可能である。しかし、この方法は、患者由来のiPS細胞ごとに初期化状態などの性質が異なり、現状では必ずしもゲノム編集が成功するとは限らない（あるいは効率が非常に低い）ことを理解しておく必要がある。

7-3 遺伝子治療とゲノム編集治療の違いは？

遺伝子治療は、遺伝子の突然変異によって正常なタンパク質が作られない疾患を対象にして行われてきた。正しい遺伝子（治療遺伝子）を、ウイルスベクターを使って対象の臓器へ運び、大

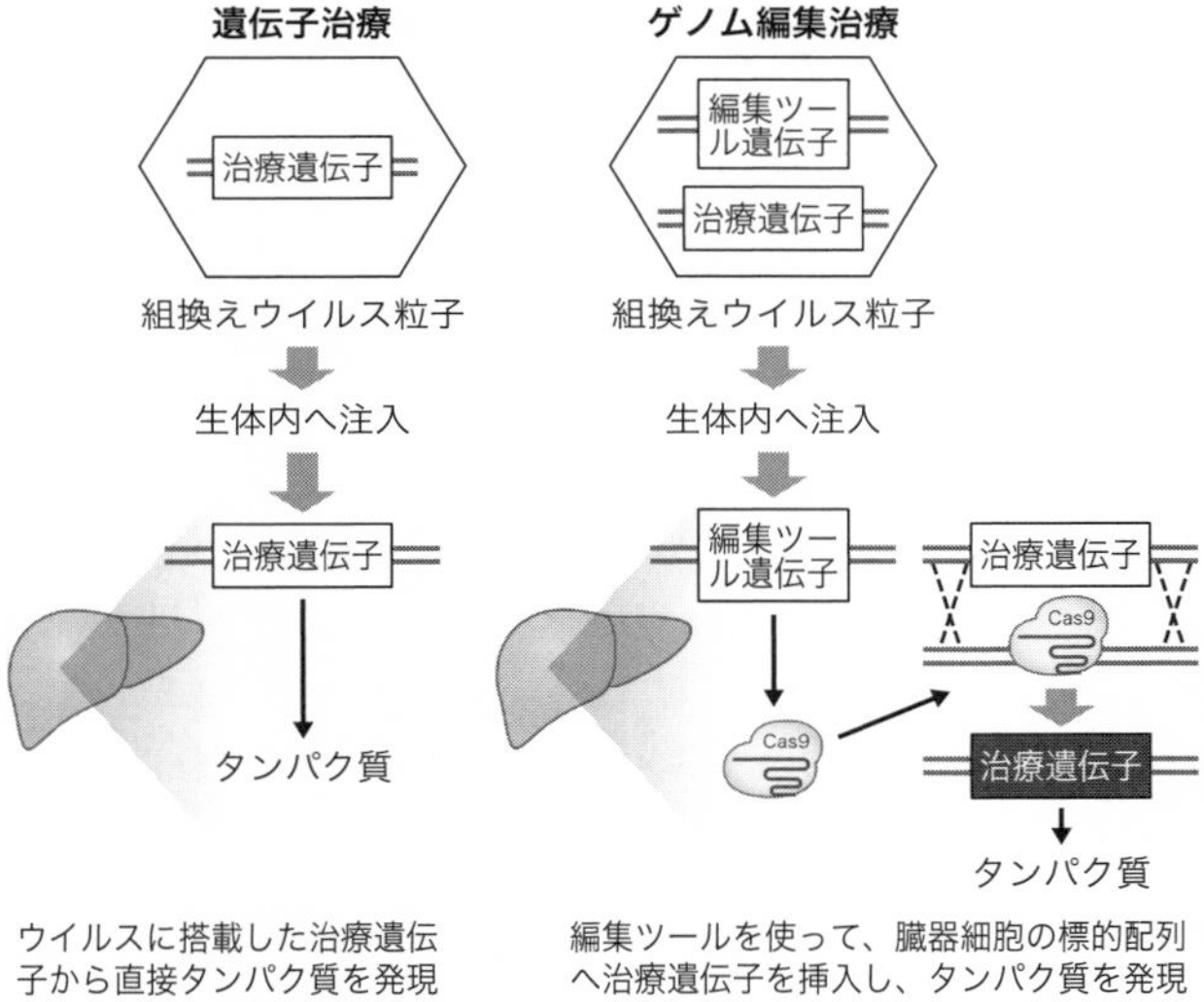

図7-3　遺伝子治療とゲノム編集治療

量に必要なタンパク質を発現させることが主な方法である（図7－3）。現在、ゲノムに挿入されるタイプや挿入されないタイプのベクターなど様々なウイルスベクターの開発が成功しており、安全な遺伝子治療が可能な段階となっている。

遺伝子治療には細胞に安定的に発現を誘導できるウイルスベクターが主に利用されてきた。1980年代から、レトロウイルスベクターやアデノウイルスベクターが開発され、1990年代には、欧米を中心に遺伝子治療が開始されたが、不運にもフランスでレトロウイルスが挿入された近傍のがん関連遺伝子の活性化によって白血病が発症した。これにより、その後の遺伝子治療研究は臨床研究へ発展する勢いを失い、日本国内では遺伝子治療研究が進んでいなかった。

これに対して米国や欧州では、遺伝子治療用のウイルスベクターの改良が進められ、安全性の高いアデノ随伴ウイルス（AAV）ベクターが2012年に欧州において承認された。AAVは、一本鎖DNAをゲノムとして有し、毒性の低いウイルスとして知られている。これまでに11種類のAAVが見つかっており、感染する臓器に指向性が見られる。例えば、AAV5は肺や網膜に感染しやすい。これによって、様々な臓器に感染を誘導し、目的の遺伝子産物を補うことが可能で、これが既存の遺伝子治療である。

このAAVウイルスベクターにゲノム編集ツールを搭載し、治療を行うのがゲノム編集治療である。ゲノム編集ツールを使うので、標的の遺伝子を改変することによって治療を行うことになる。ゲノム編集治療においても安全性の高いAAVベクターを用いた方法が現在主流となっているが、これは遺伝子治療研究のため長い年月をかけてきたウイルスベクターの改良が生かされていることから、ゲノム編集治療は遺伝子治療を基盤とした技術と言える。

最近、各種メディアで〝ゲノム医療〟という用語を目にするが、ゲノム医療はゲノム編集治療とは異なる意味で使われる。ゲノム医療は、患者個人のゲノム情報をNGSによって解読し、その情報をもとにして効率的な治療を行ったり、ゲノム情報から疾患へのかかりやすさを予想する医療を意味する。さらに〝がんゲノム医療〟は、がん組織において複数の遺伝情報を収集し、それらの特徴を明らかにして治療の効率化を行うものであり、やはりゲノム編集治療とは異なる。

7-4 遺伝性疾患を治療するためのさまざまなゲノム編集治療

疾患の原因となる変異や多型を受け継ぐことによって発症する遺伝性疾患の多くは、その治療法が確立されていない。特に希少疾患のほとんどは、対症療法や補充法などによって治療が進められるが、有効な効果が認められない場合が多い。このような遺伝性疾患を治療する技術としてゲノム編集が現在大きく期待されている。ゲノム編集治療は大きく分けて2つの方法によって行うことが可能である（図7－4）。

1つは、ゲノム編集ツールを直接体に注入する生体内（in vivo：インビボ）ゲノム編集である。この方法で対象となる疾患は、ゲノム編集ツールを血流で運ぶことができる肝臓や直接注射によって導入できる組織や臓器が対象となる。これらの組織・臓器へのゲノム編集ツールの送達（デリバリー）は、組織・臓器内の細胞へ効率的にツールを運ぶため、前述のウイルスベクターに加えて、リポソームやナノ粒子などを利用したデリバリー法が開発されている。例えば、血友病は血液凝固因子の遺伝子の変異の疾患であり、肝臓で正常な凝固因子が作られない。補充治療

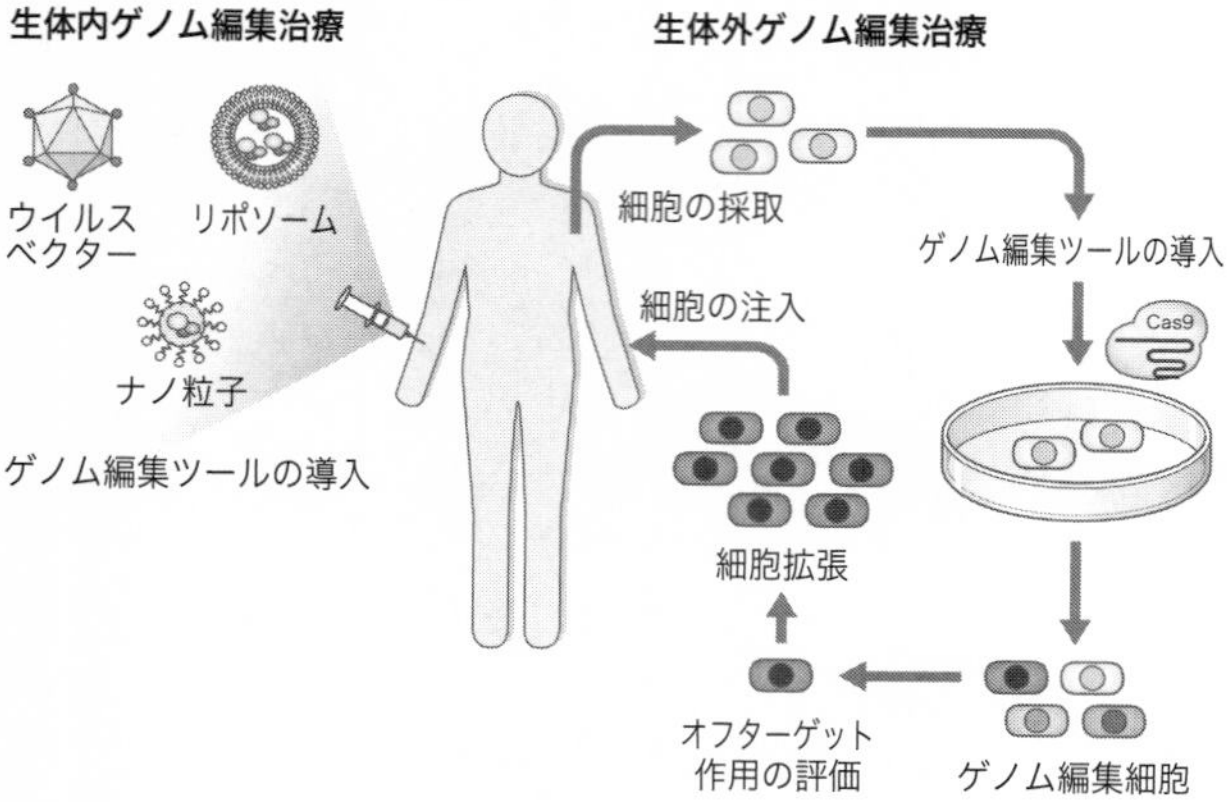

図7-4 ゲノム編集治療の２つの方法

では血液凝固因子を定期的に注入することが必要となる。そこでゲノム編集のインビボ治療では、ゲノム編集ツールによって肝臓の細胞の機能しなくなった遺伝子を切断し、そこへ正しい塩基配列をもった血液凝固因子遺伝子を遺伝子ノックインする。

しかしこの方法で全ての肝臓の細胞を改変することは、導入効率の問題で難しい。一部の細胞で正しい遺伝子から機能的な血液凝固因子が作られて血液中に分泌され、治療効果が期待できる濃度まで上昇・維持される必要がある。また、ゲノム編集ツールによる予期せぬ変異導入（オフターゲット作用）についても、安全性の面からの評価が必要である。

ゲノム編集効率を上昇させるためには、肝臓でよく発現しているアルブミン遺伝子座へノックインする方法を用いて米国では治療がいくつかの疾患について試みられている。例えばムコ多糖症は、ヒアルロン酸やコンドロイチン硫酸などのムコ多糖が細胞内に蓄積する代謝疾患である。分解酵素の機能不全によってムコ多糖が分解されないことで、中枢神経障害、骨の変形など様々な症状が現れる。ムコ多糖症については酵素補充法による治療が行われているものの、顕著な効果が見られないケースが多い。ムコ多糖症Ⅱ型（ハンター症候群）は、分解酵素の遺伝子への変異が原因で正常な酵素が作られない。そのため、正常な分解酵素の遺伝子を、ゲノム編集を利用してノックインすることによって発現させる治療法が臨床試験として米国で進められている（図7－3参照）。クリスパー・キャス9を使ったインビボ治療としては、※章末注2レーバー先天性黒内障に対して米国を中心に2019年から開始されている。

2つ目のゲノム編集医療のアプローチは、体から細胞を取り出し、その細胞を生体外（ex vivo：エクスビボ）でゲノム編集することによって、目的の改変を加えた後に移植する方法である。この方法の利点は、ゲノム編集した細胞で計画通り正確に改変できた細胞を選び出し、その細胞を移植に使うことができる点である。加えて、予期せぬ変異（オフターゲット変異）が導入された細胞を排除することもできる。欠点といえば、患者ごとにゲノム編集した細胞を作る必要があり、多額の費用を必要とすることである。既にこの方法でがんを攻撃する免疫細胞やヒト免疫不全ウイルス（ＨＩＶ）からの感染を抑制した免疫細胞が作製され、移植をする治療が米国で進められ治療効果が上がっている。

7-5 ゲノム編集でヒトのウイルス感染症を治療する

ウイルス感染を抑える技術として、ウイルスが感染に利用する受容体をゲノム編集によって改変する方法を、養豚のウイルス感染を抑える技術として紹介した（第6章、6-5）。

実は、このアイディアは、ヒトの感染症における臨床治療で既に利用されている。AIDSの発症原因とされるHIV（Human Immunodeficiency Virus：ヒト免疫不全ウイルス）は、Tリンパ球の細胞膜上の受容体であるCD4とCCR5とよばれるタンパク質を介して感染することが知られている。

CD4は、さまざまな免疫細胞に発現し、他の免疫細胞を活性化するシグナルを発することが知られている。一方、CCR5は、C-Cケモカインというシグナル因子と結合して、細胞内へ情報を伝達する。CCR5遺伝子に異常がある場合でも生存には影響がないことが知られており、加えてCCR5遺伝子を改変することによって感染を防ぐことも示されてきた。また、北欧では、HIVに感染しないあるいはしにくいヒト集団に、CCR5での変異（32塩基の欠失：Δ32）のあることがわかった。

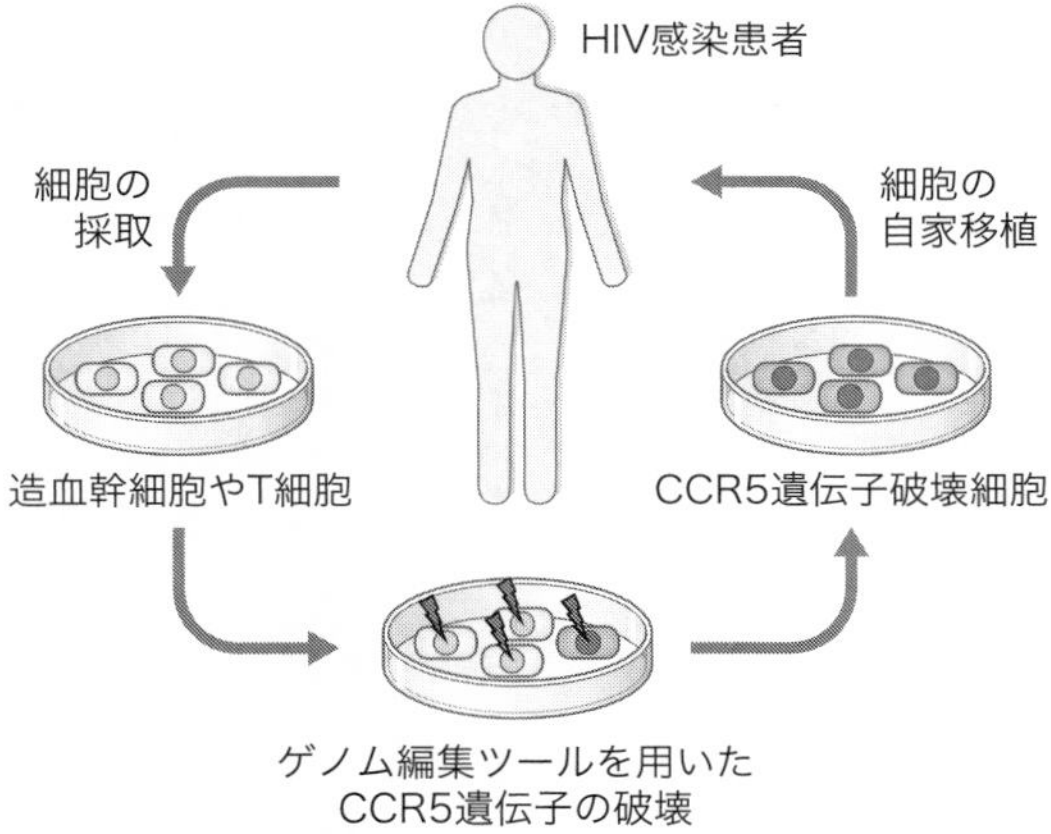

図7-5　生体外ゲノム編集を用いたHIV感染の治療法

さらに、ＣＣＲ５遺伝子に変異型ＣＣＲ５をもつドナーから採取した幹細胞を移植することによって、ＨＩＶ感染の治療も成功したとの報告がなされている。このような状況から、ＣＣＲ５遺伝子を改変することによって、ＨＩＶ感染を治療する方法の開発が長年進められてきたのである。

この治療では、第一世代のゲノム編集ツールであるＺＦＮが利用されている。ＺＦＮが選ばれたのは、ゲノム編集治療で当初から利用されてきた実績と安全性を確保した利用方法の評価実績があるからである。

具体的な方法としては、ＨＩＶ感染患者からＴ細胞を取り出し、このＴ細胞にＣＣＲ５遺伝子を切断するＺＦＮを導入して、切断および変異導入を行う（図７－５）。この方法によって作製したＣＣＲ５遺伝子ノックアウト細胞に、ＨＩＶは感染することができなくなる。この改変免疫細胞を患者へ移植することによって、拒絶反応なくＨＩＶ感染の治療が可能となっている。

細胞内でＨＩＶを排除する技術の開発も進められている。ウイルスがゲノム中に挿入されたプロウイルス状態（ＲＮＡウイルスは逆転写によってＤＮＡに変換されゲノム中に挿入される）となり、ＨＩＶはゲノムと一体となって細胞中に潜んでいる。そのため、ＨＩＶをからだから排除するためには、ゲノム中に入り込んだＨＩＶのＤＮＡを切断し変異導入を加えることにより、ウイルスを破壊する治療としても重要となる。この方法をインビボ（生体内）で行うマウスを使った研究が進んでおり、実際にクリスパー・キャス９をウイルスベクターで体内に導入し、プロウイルスを切断することによって治療効果が期待できることが報告されている。

ＨＩＶの感染治療として、免疫細胞のＨＩＶ受容体を破壊する方法を前述したが、この方法は直接ＨＩＶを破壊する方法ではない。ＨＩＶは、ＲＮＡを遺伝情報として利用するレトロウイルスである。これまでのゲノム編集は、ＤＮＡを切断する方法が中心であるため、直接ウイルスを切断して不活性化することは困難であった。しかし、最近ＲＮＡを標的とするクリスパーが発見され、これを利用したウイルスの検出や破壊が検討されている。完全に体内から除去する方法が可能となれば、細胞移植などを必要としない新しいＨＩＶ感染治療法として有用な可能性がある。さらには、現在パンデミックを引き起こしている新型コロナウイルス（COVID-19）は、HIVと同じくRNAを遺伝情報としているのでゲノム編集によるCOVID-19の検出法や破壊法の開発も期待される。

7-6 がんの研究と治療にゲノム編集を利用する

がんは、細胞増殖や運動性の制御に異常を生じることによって、組織や臓器に異常を生じ、個体を死に至らしめる難病である。がんの原因は遺伝子の変異であるが、その変異は、欠失や挿入の微小変異から染色体レベルでの大規模な変異（重複や転座など）までさまざまである。

がんの原因は、遺伝的に受け継がれた変異が原因となる場合と、遺伝とは関係なく環境要因によって遺伝子に変化が生じ、がんが発症する場合に大きく分けられる。がんの1つである乳がんに見られる遺伝的変異として、BRCA遺伝子の変異が知られている。この遺伝子に変異があると、遺伝性の乳がんが発症する可能性が高くなる。米国の俳優アンジェリーナ・ジョリーが、この遺伝子変異を有することから乳房を予防的に切除したことは有名である。

がんの治療として、外科手術、放射線治療や抗がん剤治療がこれまで行われているが、最近「がん免疫療法」が注目されている。私たちのからだに発生したがん細胞は、通常は免疫細胞に

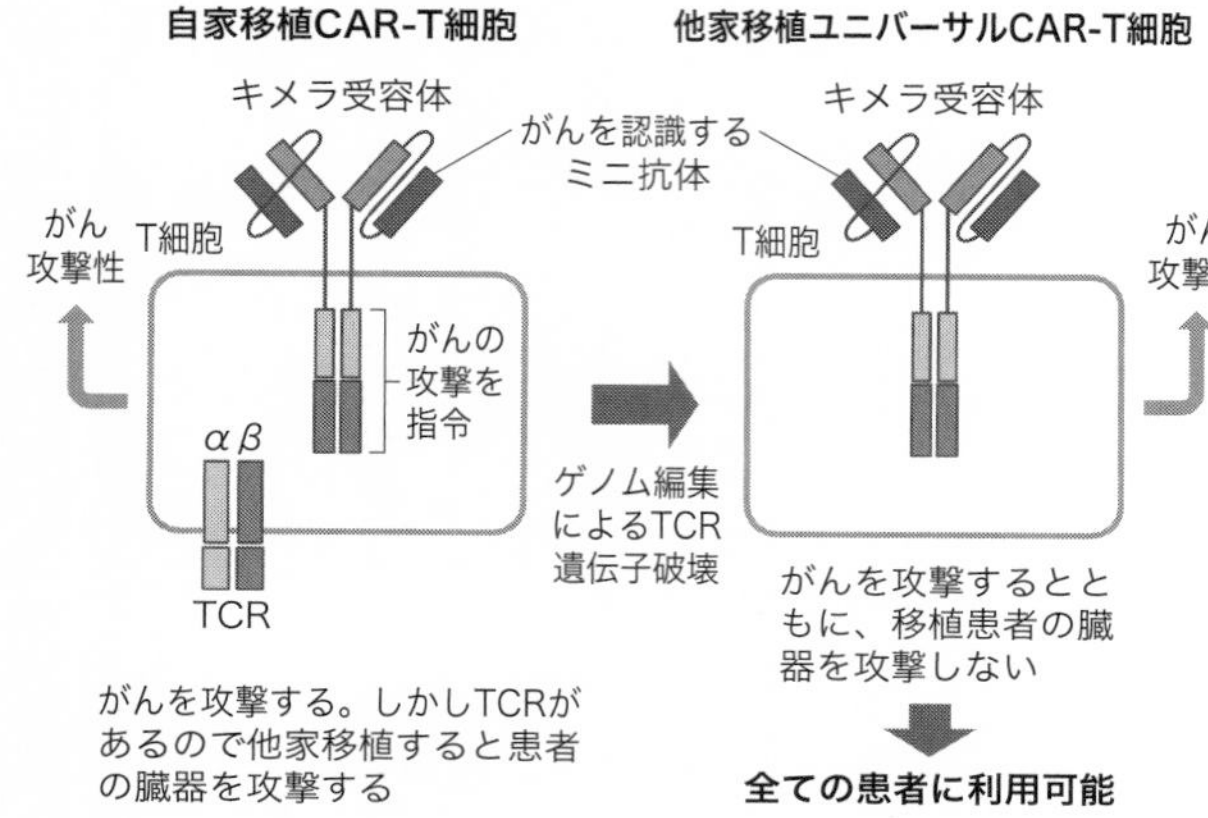

図7-6　ゲノム編集を利用したユニバーサルCAR-T細胞の作製

よって排除される。しかし、免疫力が低下すると、がん細胞の増殖を抑えきれず、がんが発症する。そこで、目的のがんを攻撃する免疫細胞を作製して移植する、がん免疫療法としてキメラ抗原受容体（ＣＡＲ－Ｔ《カーティー》）細胞療法が開発され、既に治療が開始されている。キメラ抗原受容体（ＣＡＲ）とは、抗体の抗原結合部位とＴ細胞受容体（ＴＣＲ）の活性化ドメインを連結させたもので、患者から採取したＴ細胞へ導入してＣＡＲ－Ｔ細胞を作製する。このＣＡＲ－Ｔ細胞を患者本人に移植することによって治療が行われる（自家移植、図７－６）。しかしながら、このＣＡＲ－Ｔ細胞を他人へ移植すると、もともっているＴＣＲを介して患者の臓器を異物として攻撃する。

　そこで、他人の細胞から採取した免疫細胞をゲノム編集によって改変したCAR‐T細胞を移植する方法（他家移植）も可能となってきた。この細胞では、他人の細胞を攻撃しないようにT細胞受容体をゲノム編集によって改変しておく。これにより、患者から作製する必要はなく、多くの患者に利用できるユニバーサルCAR‐T細胞が作製されている。加えて、ゲノム編集によって抗がん剤の耐性を獲得させており、抗がん剤を利用した治療も併用することが可能となっている。ターレンを介してユニバーサルCAR‐T細胞が作製され、２０１５年英国の急性リンパ性白血病の女児の治療に適用された。

別のがん免疫療法として注目されているのが、免疫細胞膜上のタンパク質ＰＤ‐１(programmed cell death-1)を利用した方法である。ＰＤ‐１は免疫細胞の攻撃力が過剰にならないようにブレーキとして働いている。がん細胞はこのＰＤ‐１の働きを巧みに利用して、免疫細胞の攻撃を弱め、自身を増殖させる。がん細胞は、ＰＤ‐１と結合するＰＤ‐Ｌ１(programmed cell death-1 ligand-1)とよばれる分子を細胞膜上に提示して、免疫細胞のＰＤ‐１を活性化して攻撃力を低下させるのである。

ＰＤ‐１は、京都大学名誉教授の本庶佑博士らによって発見され、２０１８年ノーベル生理学・医学賞が授与された。この研究は、ＰＤ‐１などのがん免疫のチェックポイント機構を解明しただけでなく、ＰＤ‐１の働きを抗体で抑えることによって、免疫細胞が、がん細胞からの攻撃を受けないように回避する治療法の開発につながった。

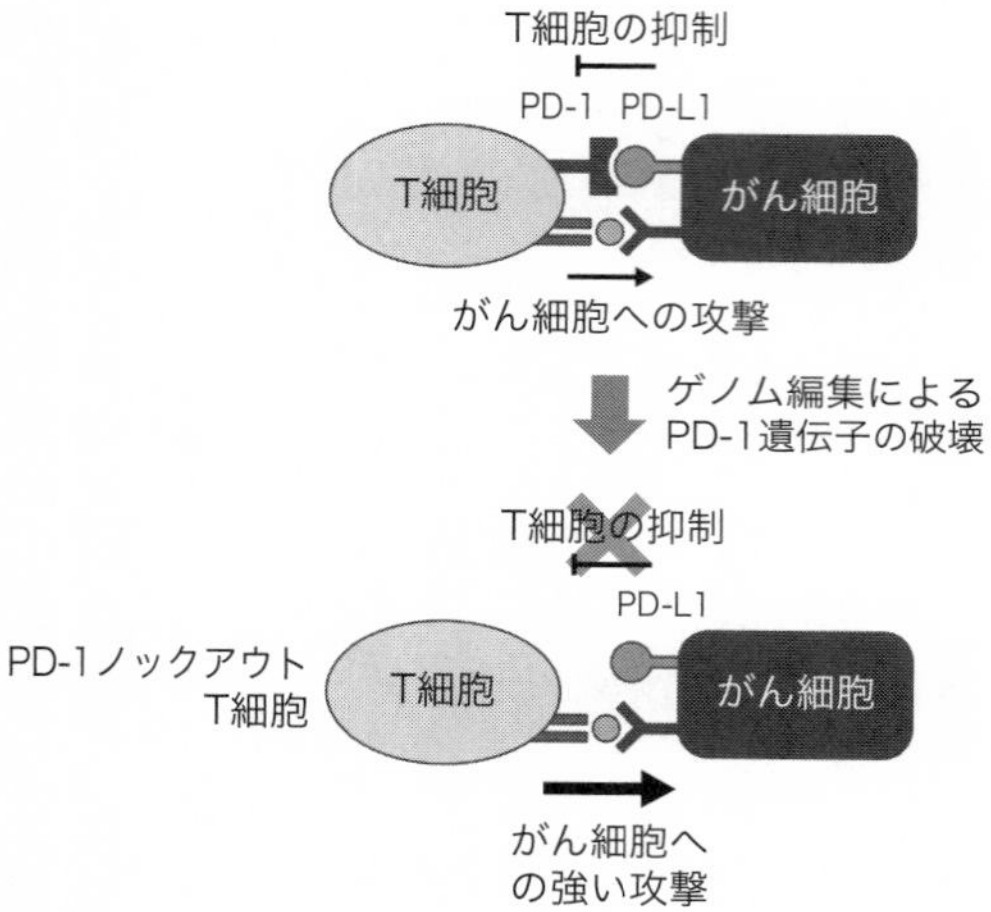

図7-7　PD-1破壊によるがん治療用免疫細胞の作製

抗体を使った治療法は、抗体医薬として開発が進められており、現在新しい治療薬としてさまざまな抗体医薬品が開発されている。この抗体医薬品として、PD－1タンパク質に結合してPD－L1の結合を阻害する抗体が治療薬オプジーボとして開発されたのである。オプジーボによって、これまで治療が難しかったがん治療への可能性が広がっており、同様にチェックポイント因子を抑制する治療法の開発が国内外で進んでいる。

チェックポイント因子の機能を弱めることで免疫力を上げる方法が、ゲノム編集によっても可能なことに世界中の多くの研究者が注目した。クリスパー・キャス9を使って免疫細胞でPD－1を破壊した細胞を作製することは、ゲノム編集に精通していない研究者にとってもそう難しい研究ではなかった。予想どおり、PD－1遺伝子を破壊した免疫細胞の作製とこれを用いたがんゲノム編集治療の臨床試験が、米国と中国で2016年から進められている。免疫細胞においてPD－1遺伝子をノックアウトすることによって、がんに抑制されない免疫細胞を作製し、移植する方法である（図7－7）。

これによって、既に肺がんの治療研究が進められている。臨床研究が進められる一方で、がん細胞に対する攻撃のためのブレーキをなくした免疫細胞が、過剰に自分の細胞を攻撃する自己免疫疾患を引き起こす可能性も考えられることから（実際マウスの実験では自己免疫疾患が引き起こされることが報告されている）、利用には注意が必要との声もある。

7-7 再生医療でのゲノム編集の可能性

幹細胞を利用して、失われた組織や臓器を再生する治療は再生医療とよばれる。この再生医療においてもゲノム編集は重要な技術と考えられている。幹細胞や分化させた細胞を移植する場合に、他人の細胞を使えば拒絶反応が問題となる。iPS細胞を使った治療では、患者から取り出した細胞でゲノム編集によって原因となる疾患変異を修復すれば、自家移植が可能となり免疫拒

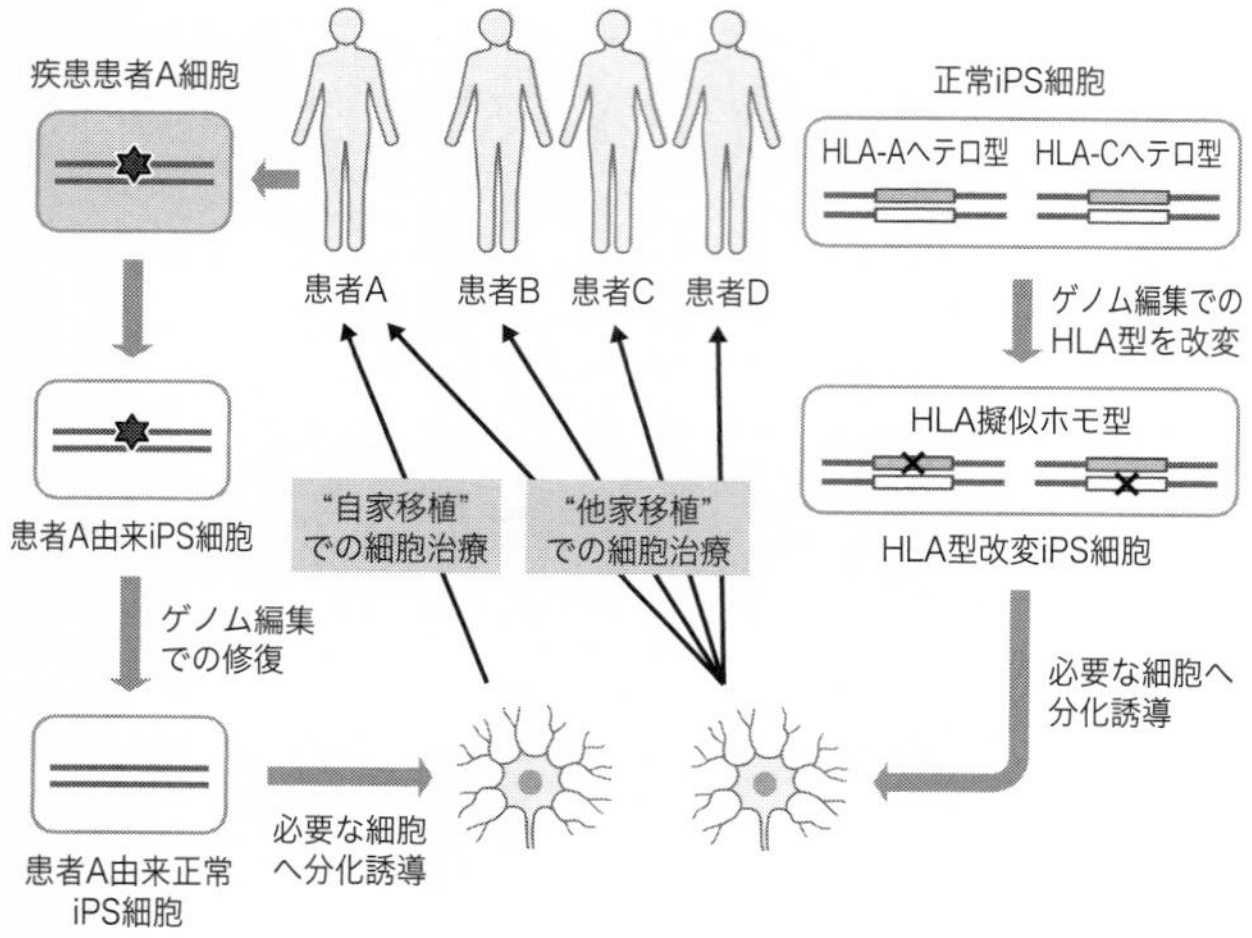

図7-8　再生医療でのゲノム編集の可能性

絶を回避することができる（図7－8）。しかしこの方法は、コストの面を考えると現時点では簡単には利用することができない。

この問題を解決する方法として、キラーT細胞が攻撃に利用するヒト白血球抗原とよばれる型（HLA型）をゲノム編集で改変し、免疫拒絶を回避するiPS細胞の作製技術が報告されている。

免疫反応に関わるHLA遺伝子は複数存在し、これらの型が異なるとキラーT細胞から攻撃を受ける。ほとんどの場合、移植する側（ドナー）の細胞と移植される側（レシピエント）の細胞のHLA型が異なるため、移植の際の免疫拒絶反応が起こる。HLA遺伝子の多くは父系と母系の2つの異なるヘテロ型であるが、同じヘテロ型を移植に選ぶことは困難である。そこで京都大学iPS細胞研究所の堀田秋津博士らは、HLA遺伝子の片方をクリスパー・キャス9によってノックアウトした擬似ホモ型のiPS細胞を作製した。この細胞は、片方のHLAしかもたないので免疫拒絶が起きにくくなる。さらに、ナチュラルキラー細胞（NK細胞）とよばれる別の免疫細胞からの攻撃を回避するゲノム編集も行った。これらの改変によって、他人の細胞から作製されたものであっても免疫拒絶を抑えることができるので、自家移植が難しい患者への利用可能性が示された。作製された他家移植が可能なiPS細胞から様々な細胞へ分化させることができれば、免疫拒絶を回避した再生治療としての利用価値は非常に高い。

7-8 筋ジストロフィーの治療に向けたゲノム編集技術の開発

筋ジストロフィーは、骨格筋で発現する遺伝子の変異が原因で遺伝子産物の機能が喪失あるいは低下し、筋肉細胞が変性・壊死する指定難病である。これまでに50以上の原因遺伝子が同定されているが、根本的な治療法は開発されておらず対症療法を中心とした治療が行われている。

デュシェンヌ型筋ジストロフィー（DMD）は、ジストロフィン遺伝子の変異を原因とする筋ジストロフィーである。ジストロフィン遺伝子はX染色体上に位置する大きな遺伝子（79個のエキソンからなり3600個以上のアミノ酸をコードする）で、DMD患者さんではさまざまなタイプの塩基欠失やエキソンの欠失（44番目と50番目のエキソンの欠失が有名）が見られる。これらの欠失によって、タンパク質の途中までしか作られない機能喪失型タンパク質が生成されたり、変異タンパク質が分解されたりする。

DMDについては、近年、治療用の核酸医薬品の開発が進められている。核酸医薬品は化学合成できる一本鎖あるいは二本鎖のDNAやRNA、修飾型核酸を用いる。多くの場合標的はmRNAで、翻訳やスプライシングを阻害することで働く。DMD（50番目のエキソンの欠失）治療のために、MASOなどの修飾核酸を核酸医薬品として使い、51番目のエキソンを含まないスプライシングを誘導する治療法が開発されている（エキソンスキップ法）。これにより、49番目と52番目のエキソンがつながり、正常に近いタンパク質が作られる。ジストロフィンタンパク質は両端部分のアミノ酸配列が重要であり、両端部分が正常なタンパク質として機能することによって治療効果が期待できる（図7－9）。しかし、核酸医薬品を用いた方法は、一過的な効果であり、効率よく筋肉組織へ運ぶ送達方法の開発や、根治療法として原因変異を修復する遺伝子改変法の開発が必要と考えられている。

これらの問題を解決する方法として、ゲノム編集を利用したDMDの治療法開発が国内外で進められている。京都大学の堀田博士らは、44番目のエキソンが欠失したDMD患者さん由来のi

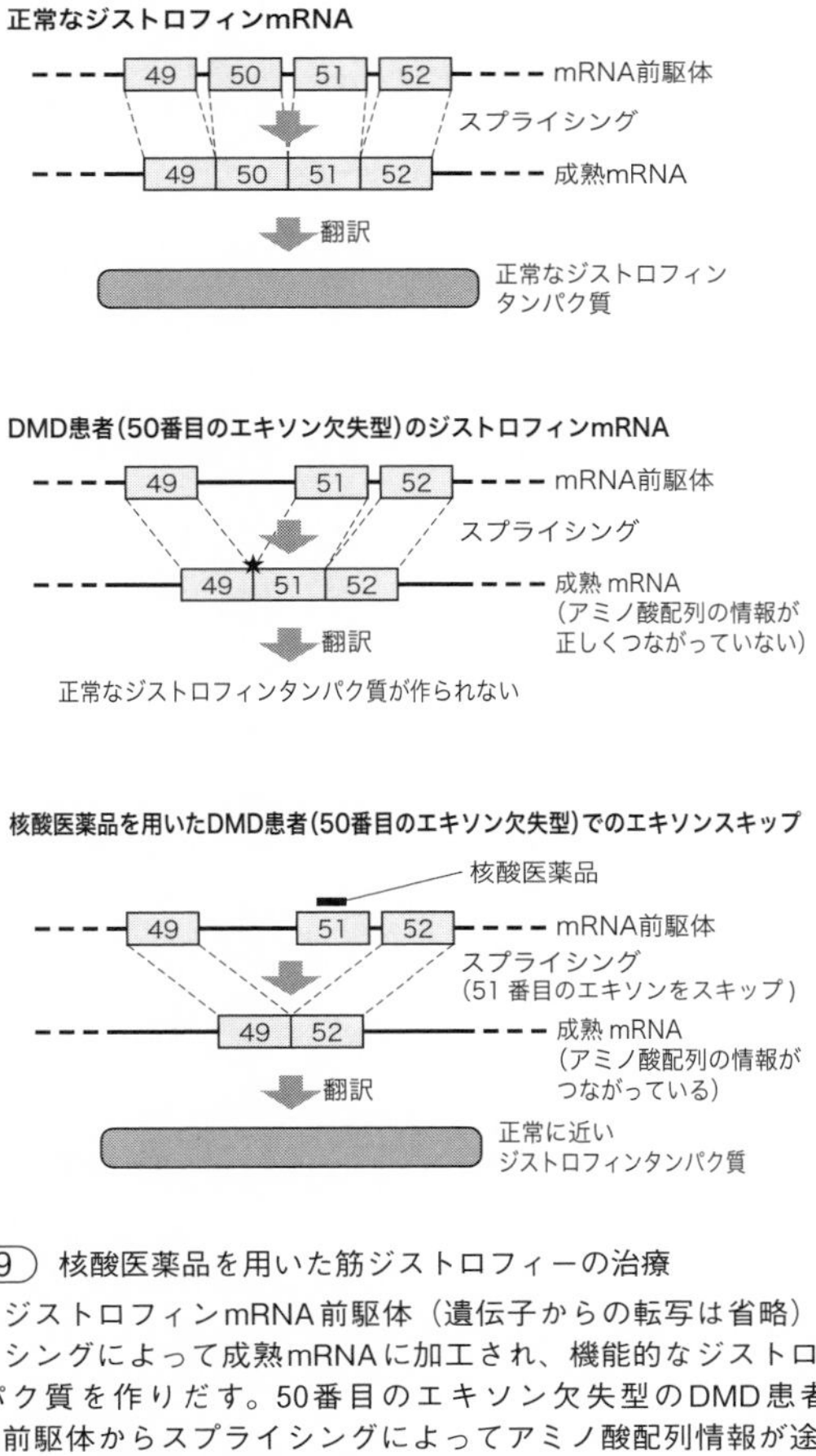

図7-9　核酸医薬品を用いた筋ジストロフィーの治療

正常なジストロフィンmRNA前駆体（遺伝子からの転写は省略）は、スプライシングによって成熟mRNAに加工され、機能的なジストロフィンタンパク質を作りだす。50番目のエキソン欠失型のDMD患者では、mRNA前駆体からスプライシングによってアミノ酸配列情報が途切れた成熟mRNAが作られ、正常なジストロフィンタンパク質が作られない。核酸医薬品は、mRNA前駆体中の51番目のエキソン付近に結合して、スプライシングの過程で51番目のエキソン部分のない成熟mRNAの合成を誘導する。これにより、アミノ酸配列情報がつなぎ合わされ、正常に近いジストロフィンタンパク質の合成が可能になる。

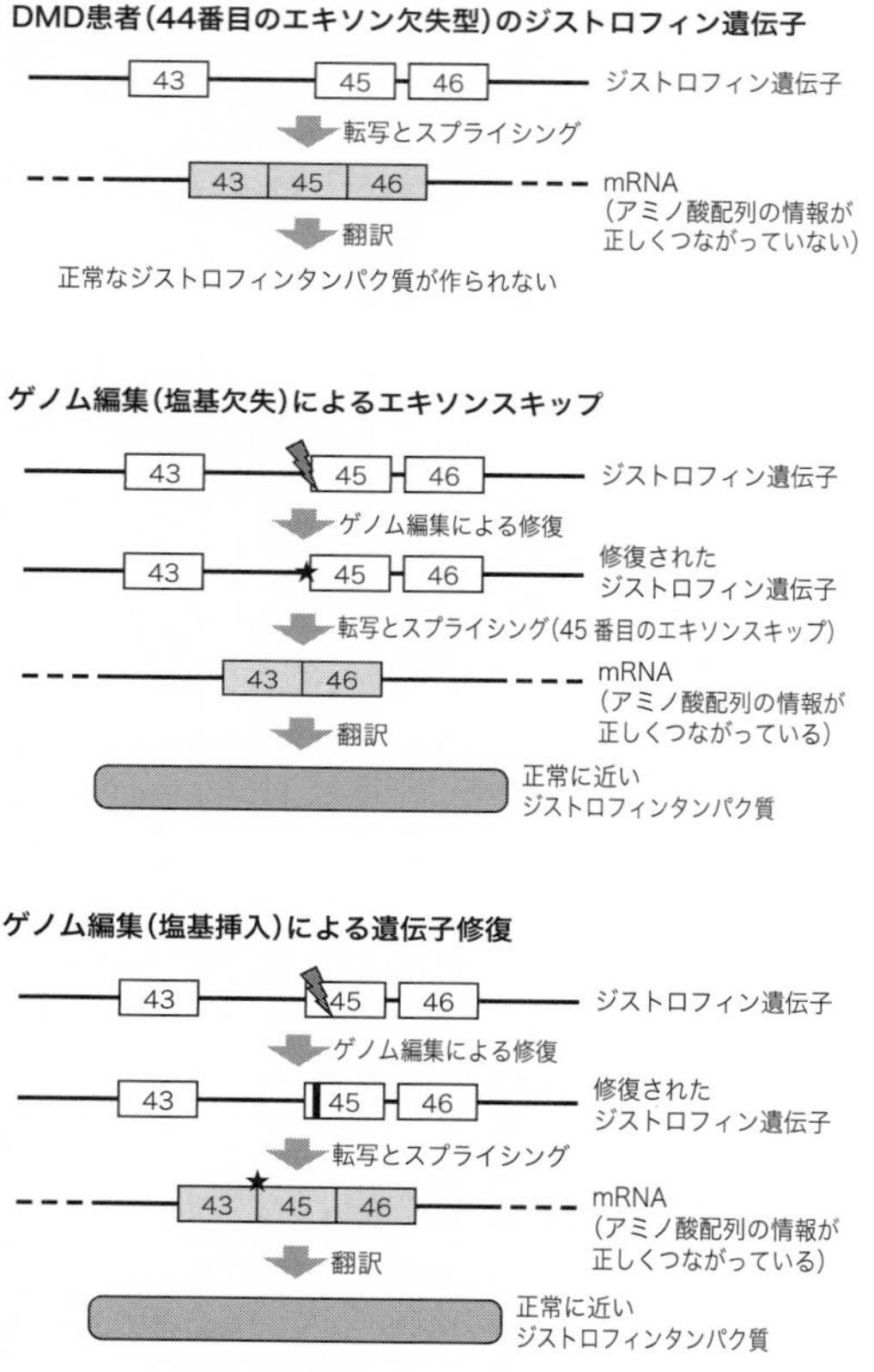

(図7-10) ゲノム編集による筋ジストロフィー原因遺伝子の修復

44番目のエキソン欠失型のDMD患者のジストロフィン遺伝子からは、アミノ酸情報が正しくつながっていない成熟mRNAが作られ、正常なジストロフィンタンパク質が作られない。ゲノム編集によって、スプライシングでの45番目のエキソンのスキップが起こる修復やアミノ酸配列が正しくつながる修復を行うことによって、正常に近いジストロフィンタンパク質の合成が誘導され、治療効果が期待される。

PS細胞を作製し、45番目のエキソンを標的としてクリスパー・キャス9とターレンを使って、45番目のエキソンスキップ（スプライシングに必要な配列を欠失させ43番目と46番目をうまく連結）と45番目にできた終止コドンを塩基挿入により回避して、正常に近いジストロフィンタンパク質を作るように改変した（図7-10）。これらのiPS細胞を筋肉細胞に分化させると確かにジストロフィンタンパク質が発現することが確認された。この方法をベースとして、海外の研究グループは、DMDモデルマウスにおいてアデノ随伴ウイルス（AAV）ベクターでクリスパー・キャス9を送達すると、マウスの体の中でジストロフィンタンパク質の発現が筋肉組織で回復することを報告している。

生体内でのゲノム編集では、一過的に目的の組織においてゲノム編集ツールを働かせ、オフターゲット作用（後述）を低減することが望まれる。東京薬科大学の根岸洋一博士は、超音波造影剤とゲノム編集ツールを混合し、局所的に超音波を照射することでバブルを崩壊させゲノム編集ツールを送り込む方法を開発している。超音波の照射が衝撃波となり、細胞膜に一過性の小孔が開けられ、ゲノム編集ツールが生体内へ効率よく送達される。この方法であれば、目的の臓器や組織に治療用超音波を照射することで一過的なゲノム編集が可能になる。既にDMDモデルマウスの筋組織において、クリスパー・キャス9を超音波照射によって導入し、ジストロフィンタンパク質の回復と筋線維数の増加が確認されている。これらの方法の安全性など臨床研究へ進めることができれば、将来ＤＭＤの根治法として発展することが大きく期待される。

※１　ＡＬＳとは、運動神経細胞の障害によって筋肉がやせていく進行性の難病である。

※２　レーバー先天性黒内障は、幼児に発症し視力障害から失明に至る網膜変性疾患である。

第8章 ゲノム編集が拓く新しい生命科学

8-1 ゲノム編集を改良した新しい技術

ゲノム編集ツールには、特異的な塩基配列を認識・結合するシステムが利用されていることは前述してきた。このＤＮＡの認識・結合システムは、細菌の制限酵素だけがもっているわけではなく、全ての生物がもっており、さまざまなタンパク質に利用している。このことは、ゲノム編集ツールのＤＮＡ切断ドメインの代わりに別の機能ドメインを連結することによって、人工的なタンパク質を作ることができることを意味している（図８－１）。

例えば、転写因子とよばれるタンパク質は、ＤＮＡ認識・結合ドメインと転写調節ドメイン（転写活性化ドメインあるいは転写抑制ドメイン）をもっている。転写活性化ドメインとゲノム編集で使われている塩基配列を認識するシステムを融合すると、人工の転写活性化因子を作り出すことができる。

クリスパー・キャス９で使われるＣａｓ９ヌクレアーゼは２つのＤＮＡ切断ドメインをもっているが、ＤＮＡ切断ドメインを分離することが難しいため、クリスパー・キャス９を使った転写活性化因子では、キャス９ヌクレアーゼのＤＮＡ切断ドメインに突然変異を導入して切断できないように改変したヌクレアーゼ欠損型キャス９（dead Cas9：ディー・キャス９）が使われる

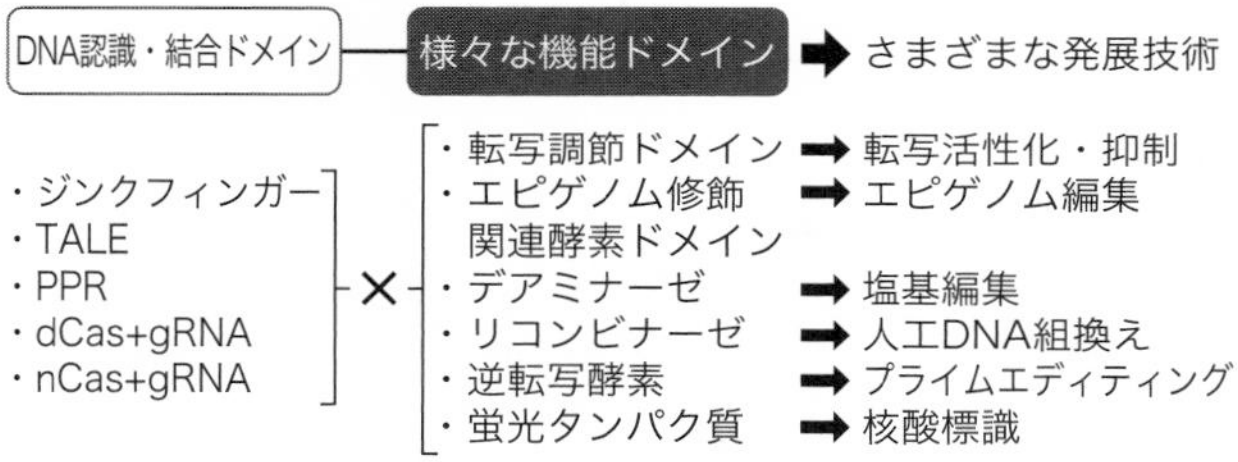

図8-1　ゲノム編集の発展技術

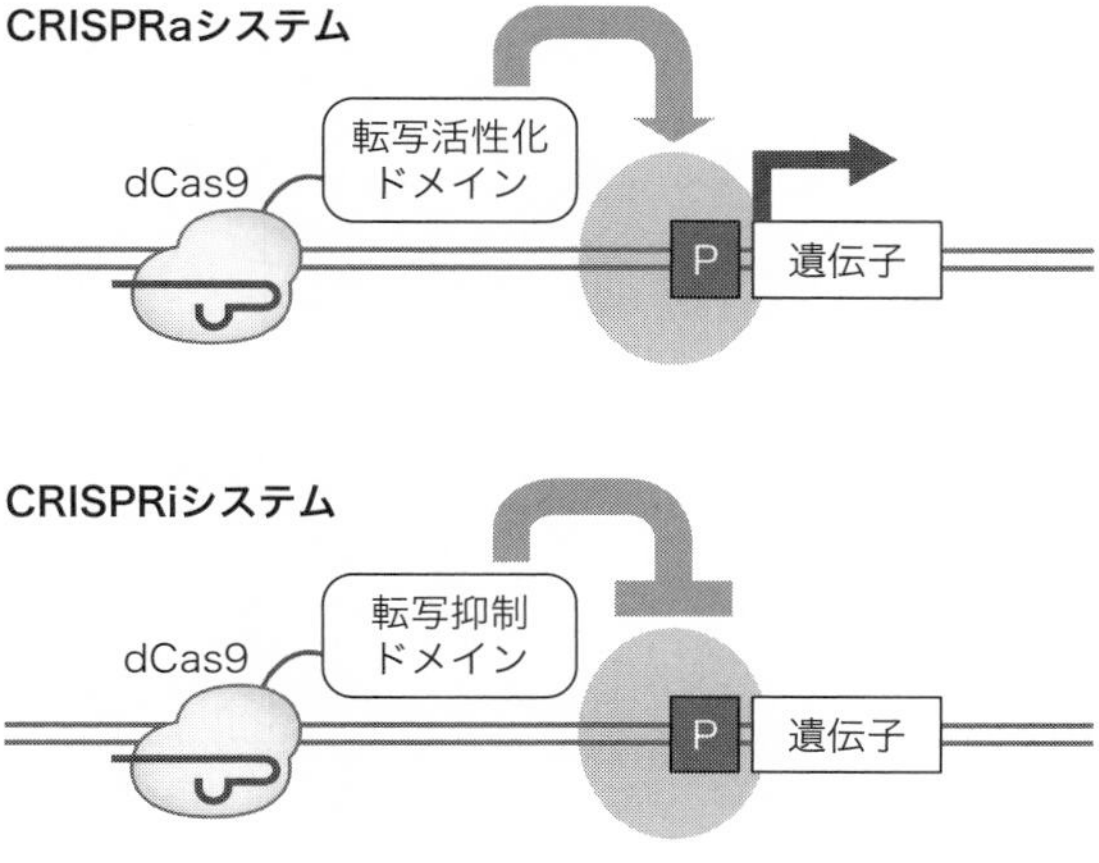

図8-2　人工転写調節システム
細胞内に人工転写因子を導入することで任意の遺伝子の転写活性化や抑制を行うことができる。

（図8－2）。ディー・キャス9に転写活性化ドメインを連結した人工転写因子によって、培養細胞を使った実験では、狙った遺伝子の転写量を100倍以上にも上昇させることに成功している。

このアイディアを利用すると転写を抑制する因子を作製することも可能である。転写活性化ドメインの代わりに、転写抑制ドメインを連結させた転写抑制因子が報告されている。転写抑制の場合には、抑制ドメインを連結させないで、ディー・キャス9だけでも効果が見られることも知られている。これは、本来転写活性化因子が結合する配列にディー・キャス9を結合させることによって、活性化因子の結合を阻害することによる。

ディー・キャス9を利用した転写活性化技術はCRISPRa（クリスパー・エー）、転写抑制技術はCRISPRi（クリスパー・アイ）とよばれ、既に多くの研究グループで成功例が報告されている。この技術は、内在の転写活性化因子が、複数の遺伝子の転写を同時に上げるのに対して、標的の遺伝子のみの転写活性化を行えるメリットがある。また、複数のガイドRNAにクリスパー・エーやクリスパー・アイを組み合わせることによって、ある遺伝子は活性化、別の遺伝子は抑制を同じ細胞で同時に操作することができるようになる。細胞内では、環境に応答して様々な遺伝子がネットワークを形成して、安定した制御を行っている。クリスパー・エー／アイを使った技術は遺伝子ネットワークの制御にもつながる技術となるであろう。

8-2 DNAを切断しないゲノム編集

ゲノム編集ではDNA二本鎖切断を導入するため、目的配列以外の切断によって発生するオフターゲット変異導入をどうしても避けることができない。この点を回避する方法として注目されているのが、デアミナーゼという酵素を利用した発展技術である。この酵素を利用すると、DNAの塩基を脱アミノ化することによって、ある塩基を別の塩基に改変することが可能である。これをテールやディー・キャス9に連結した酵素が開発され、切らないで目的の塩基を改変する技術開発が進んでいる。

切らないことによって、安全で局所的な塩基改変が期待できるが、欠失や挿入などの変異導入はできない。米国ハーバード大学のデビッド・リュー博士らは、BaseEditor（ベース・エディター）とよばれるディー・キャス9にラットのデアミナーゼAPOBECを連結させた人工酵素を開発し、C→Tへの改変を実現している。日本国内では、神戸大学の近藤博士と西田博士らのグループによって、ディー・キャス9にヤツメウナギのデアミナーゼを連結したターゲット・エイド（Target-AID）が開発され、特異性の高い技術として注目されている。この技術を利用して既にトマトなどの植物や小型魚類において塩基改変が可能であることも示されている。

ヒトの疾患と関連する変異をゲノム全体で解析するゲノムワイド関連解析（GWAS《ジーバス》: Genome-Wide Association Study）では、疾患の原因として複数のSNPが候補にあげられている。興味深いことに、これら疾患に関係するSNPの多くは、G→Aの変化によるものである。そのため、A→Gを細胞内で実行できる人工酵素ができれば、切らないゲノム編集によって疾患の原因SNPを改変できる可能性がある。最近リュー博士らは、AからGへ改変するデアミナーゼを連結した人工酵素を、大腸菌を利用した進化的手法を駆使して開発した。これによって、疾患モデル細胞を効率的に作製することが可能となり、さらには遺伝子治療として生体内でSNPの改変による治療を行うことも夢ではなくなってきている。

8-3 ゲノム編集を使って目的遺伝子のエピゲノム状態を改変する

DNAの情報は塩基配列であるが、塩基配列以外にもDNAやDNAと結合するヒストンの化学的な修飾が重要な情報となっている（図8-3）。この塩基配列とは異なる化学修飾情報の総体はエピゲノムとよばれ、種々の酵素によって修飾や脱修飾が行われ、エピゲノムは変化する。エピゲノムの変化によって、DNAの塩基配列の変化は伴わず、同じゲノム情報をもつが、エピゲノムが異なる細胞が生まれる。このしくみは、生物のからだの中ではさまざまな細胞種を作る

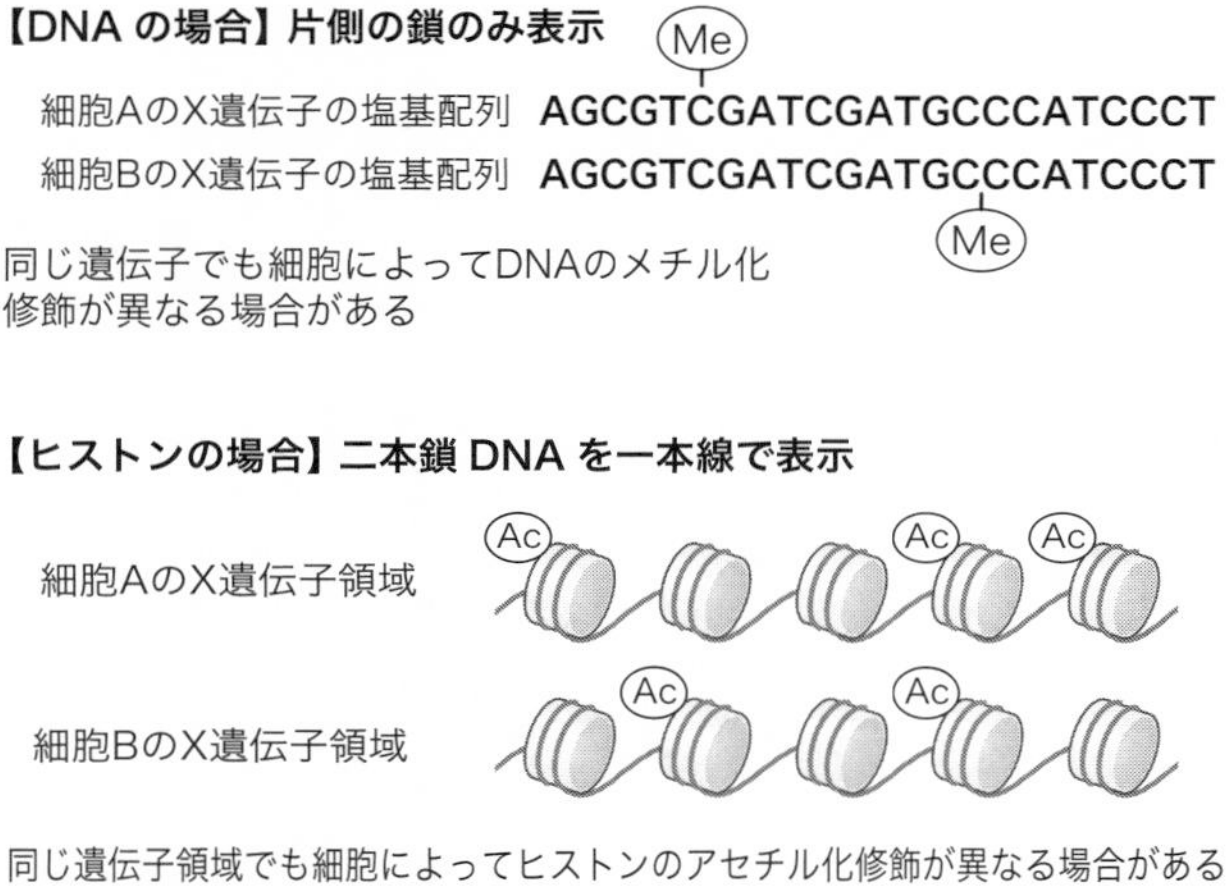

図8-3　エピゲノムとは
エピゲノムとは、DNAやヒストンの化学修飾（メチル化やアセチル化）の情報の総体である。Meはメチル化、Acはアセチル化を示す。

ために利用されている。

　それではエピゲノム情報が、細胞の中でどのように利用されているのかというと、遺伝子の発現レベルに影響を与えている。細胞の分化過程においては、必要な遺伝子の活性化と必要のない遺伝子の不活性化が進行するが、この過程でエピジェネティックな修飾が使われている。

　例えば、ＤＮＡのシトシンのメチル化は、遺伝子の凝縮に関わり、遺伝子の発現を抑制することが知られている。脊椎動物の遺伝子の調節領域では、ＣｐＧアイランドとよばれる領域が見られ、この部分のメチル化が細胞分化とともに進行する。メチル化によってDNAが凝縮すると転写に関わる酵素群が結合しにくくなる（図8－4：凝縮状態）。一方、ヒストンが遺伝子座特異的にアセチル化されることによって、その遺伝子が緩み、必要なタンパク質が集積し、mRNAの転写が活性化される（図8－4：弛緩状態）。

エピジェネティックな変化は、正常な細胞機能においても必要なため、エピゲノムに異常が生じることによって疾患が引き起こされることがある。特にがんにおいては、がん抑制遺伝子のDNAが高頻度でメチル化され、がんを抑えるタンパク質が減少することが、がん発症につながる。そのため、がんの治療方法の一つとして、DNAのメチル化を除去する薬剤（脱メチル化剤）が使われている。例えば、アザシチジンという薬剤は、DNAのメチル化を触媒する酵素と結合して、メチル化の進行を阻害し、腫瘍形成を抑制する。しかし、細胞に脱メチル化剤を作用させると、目的の遺伝子だけでなく、全ての遺伝子の脱メチル化を誘導することになり、メチル化が必要な遺伝子においても脱メチル化による活性化が引き起こされる有害な作用も懸念される。

この問題を解決する技術として注目されているのが、ゲノム編集を利用したエピゲノム編集技術である。ゲノム編集で利用されているDNAの認識・結合システムにDNAメチル化（脱メチル化）酵素やヒストンの修飾酵素を連結させる（図8－5）。

これらの人工酵素を細胞内で発現させると、標的遺伝子特異的にエピゲノム修飾を行うことが

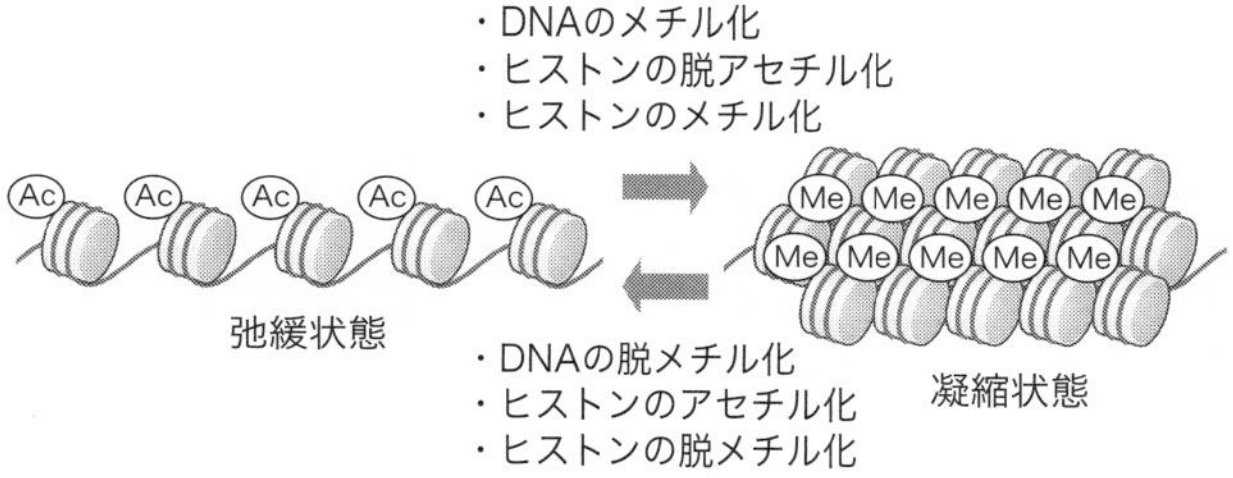

図8-4　エピゲノム状態とクロマチン構造
エピジェネティックな修飾レベルの変化によって、クロマチン構造が変化する。

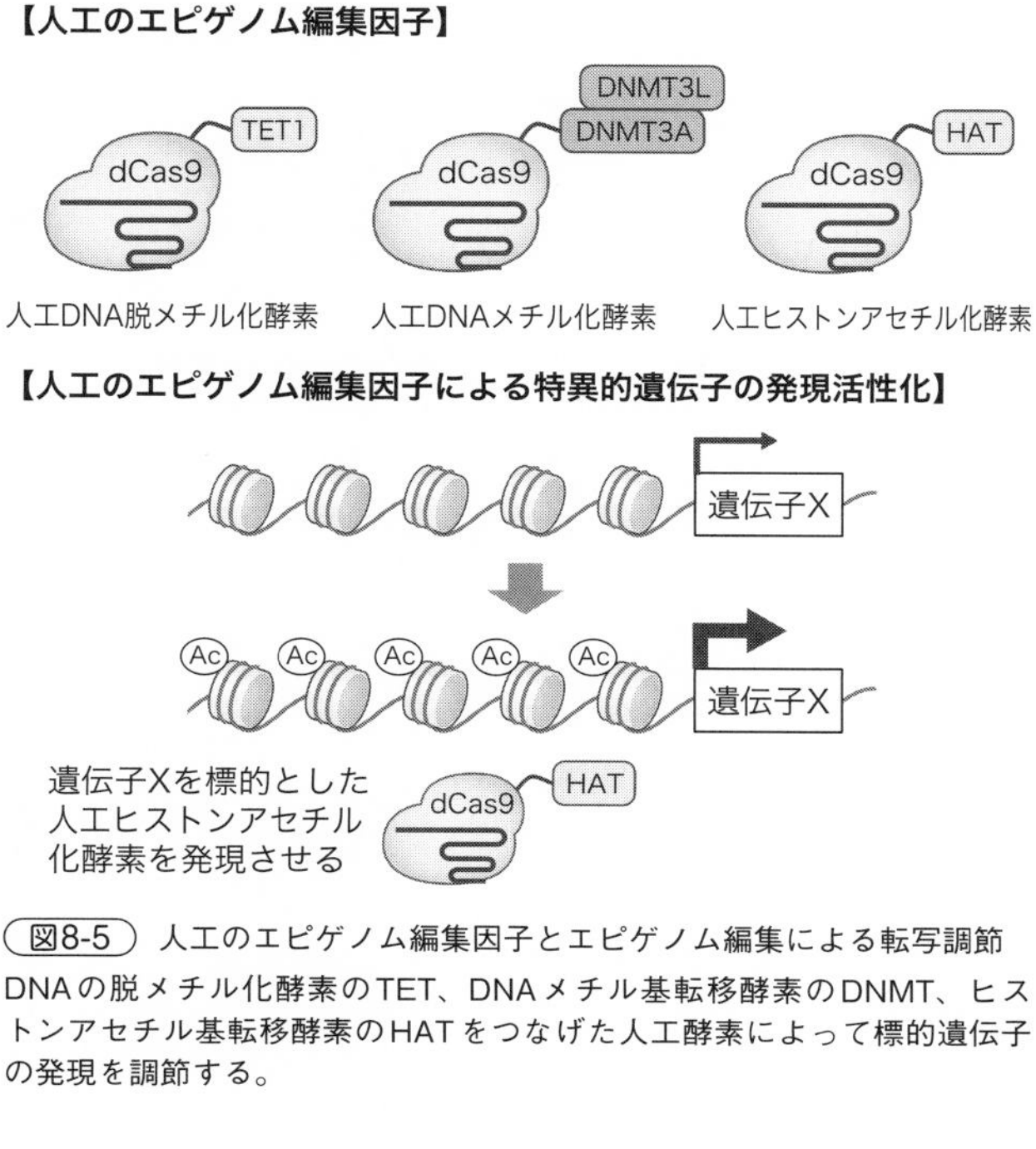

図8-5　人工のエピゲノム編集因子とエピゲノム編集による転写調節
DNAの脱メチル化酵素のTET、DNAメチル基転移酵素のDNMT、ヒストンアセチル基転移酵素のHATをつなげた人工酵素によって標的遺伝子の発現を調節する。

できる。例えば、ヒストンのアセチル化は標的遺伝子の転写活性化を誘導することが知られている。ヒストンのアセチル化活性に関わるｐ３００タンパク質をディー・キャス９に連結させた人工ヒストンアセチル化酵素は、がん抑制遺伝子の転写をヒストンのアセチル化を介して高効率に上昇させることが、がん細胞において示されている（図８－５）。また、人工ＤＮＡメチル化酵素を発現させることによって、特異的に標的遺伝子のエピゲノム状態を変化させ、クロマチン構造の変化を誘導できることが明らかにされている。

このようなエピゲノム編集は、ＤＮＡの切断を伴わないため、ヌクレアーゼのオフターゲット変異導入を気にする必要がない。特異的かつ可逆的にエピジェネティック状態を変化させることのできる技術開発が進めば、がんを含めた疾患の新しい治療法として発展する可能性がある。

8-4 ゲノム編集を利用して染色体や遺伝子座を生きた細胞で観察する

ゲノム編集ツールの新規技術として、ＤＮＡやＲＮＡを標識・検出する技術が注目されている。ここでも、基盤となるのはゲノム編集ツールで使われてきたＤＮＡの認識・結合システムである。ＤＮＡの認識・結合システム（図８－６ではディー・キャス９のＲＮＰ）に、緑色蛍光タンパク質（ＧＦＰ）などの蛍光タンパク質を連結させたもの（ディー・キャス９のＲＮＰ－ＧＦ

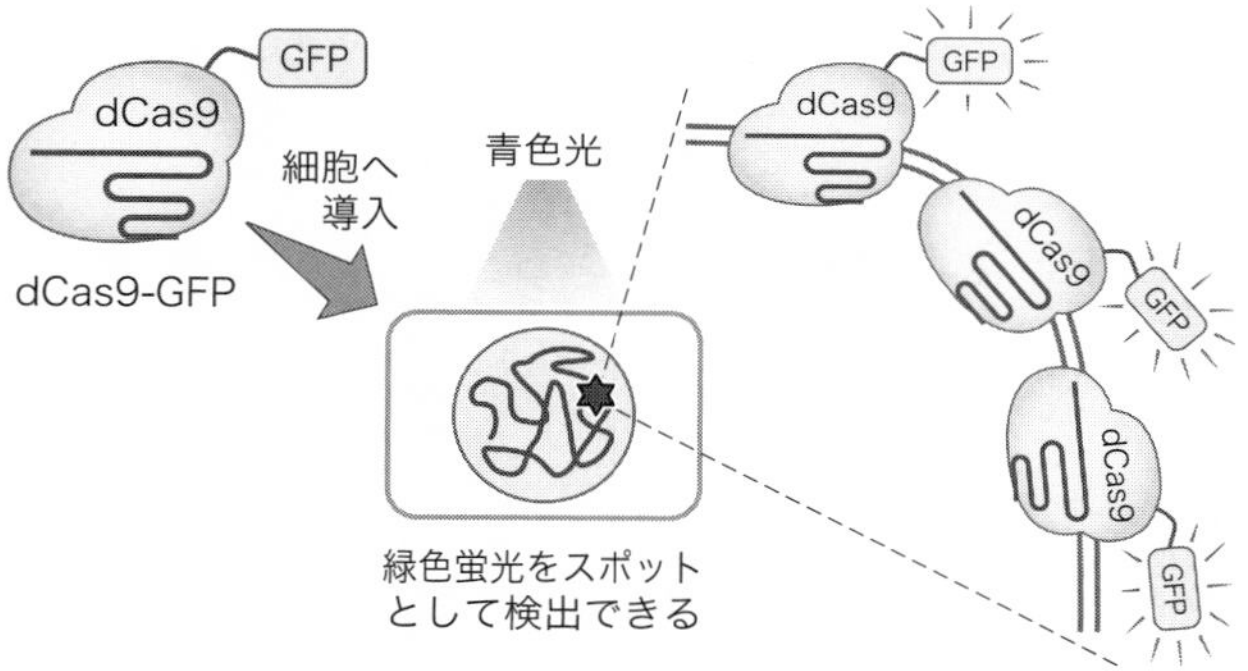

図8-6　ゲノム編集を利用した核内での遺伝子座の可視化

P）を細胞の中で発現させると、染色体中において標的遺伝子の位置を生きた細胞（生細胞）でとらえることができる（図8－6）。

この方法を利用して、染色体上の繰り返し配列（マイクロサテライトやテロメア）を観察する技術が複数の研究グループから報告されている。核内には核小体の他、様々な構造体が知られている。特定の遺伝子が細胞の状態に応じて、様々な核構造体と相互作用する像を見ることも、ディー・キャス9のRNP－GFPを使えば可能である。このように書くと、どんな遺伝子でも簡単に観察できそうであるが、現時点ではマイクロサテライトのような繰り返し配列を観察する実験が中心となっている。これは、1種類のディー・キャス9のRNP－GFPが1ヵ所に結合して発する蛍光強度は弱く顕微鏡でとらえることが難しいことが理由である。繰り返し配列では同じ標的配列が並んでいるので、1種類のディー・キャス9のRNP－GFPが複数結合して検出可能な蛍光を発するのである。

単一の遺伝子座をとらえる方法として、筆者らは標的遺伝子に繰り返し配列を遺伝子ノックインすることによって、遺伝子座と転写産物を同時に解析する方法（ROLEX法）を開発している。挿入された繰り返し配列の一単位に結合するディー・キャス9のRNP－蛍光タンパク質を使って、任意の遺伝子座を検出できる。ROLEX法を利用することによって、マウスES細胞中でNanog遺伝子座を容易に観察できる（写真）。

最近では遺伝子ノックインを介さないで遺伝子座を検出する方法も開発されているが、蛍光分子を1分子レベルでとらえる高解像度の顕微鏡装置が必要とされる。

8-5 核酸検出技術でのブロード研とUCバークレーの戦い、再び

細胞内のmRNAの発現量を調べることは、今も昔も遺伝子の働きを推測する上で非常に重要である。対象の細胞や組織や臓器をすり潰して、特定のmRNAを定量的に解析する複数の方法がこれまで確立されているが、感度や利便性において一長一短である。

現在最もよく利用されるのは、逆転写ポリメラーゼ連鎖反応（RT－PCR）法とよばれる方法で、mRNAから逆転写酵素を使ってDNAを試験管内で逆転写し、合成したDNAを鋳型と

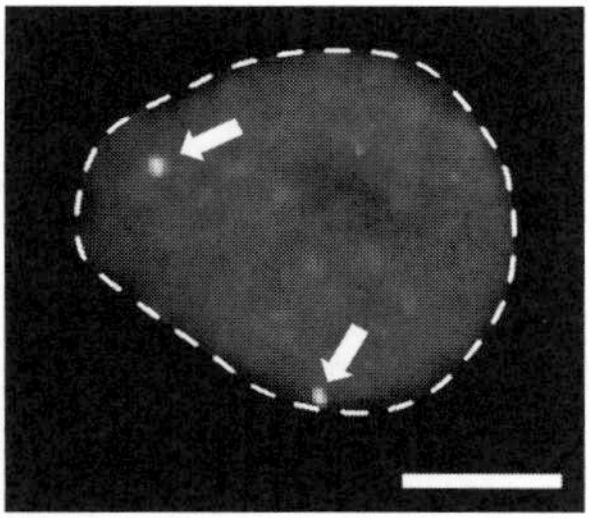

（写真）ROLEX法を利用による遺伝子座のイメージング
マウスES細胞の核の中にNanog遺伝子座の２つのスポットが観察される（提供：広島大学 落合博氏）。破線は核の輪郭を示す。スケールバーのサイズは５マイクロメートル。

してポリメラーゼ連鎖反応によって増幅・検出する。この方法を増幅ごとに増幅産物を定量化するリアルタイムＰＣＲ法が、高感度な検出方法として研究の世界では主流となっている。

　リアルタイムＰＣＲ法によって微量の核酸（ＲＮＡやＤＮＡ）を検出することが可能になったことに加えて、デジタルＰＣＲという近年開発された方法を使うことによって、試料内のｍＲＮＡの絶対数などをカウントする技術も確立されてきた。しかしながら、これらの実験には高額な機器（特にデジタルＰＣＲ装置は高額である）が必要とされ、臨床現場や機器のない発展途上国では簡単に行うことができない。この問題を解決する技術として、クリスパー・キャス9の開発の中心であるブロード研のチャン博士のグループとＵＣバークレーのダウドナ博士のグループが、医療現場や研究室外で簡便に核酸を検出する技術の開発で鎬《しのぎ》を削っている。クリスパー開発の第2の戦いが始まっていると言っても過言ではない。

米国ブロード研のチャン博士のグループから開発された方法はシャーロック法と名付けられた。この方法は、ある微生物種のCas13aヌクレアーゼが標的RNAを一度切断すると、Cas13aヌクレアーゼが本来の特異的な切断活性とは異なる標的配列に依存しないRNA分解活性を獲得することを利用している。この非特異的な活性を検出する蛍光プローブを加えておくことによって、蛍光を発するかどうかを検出できる比較的安価な機器で、試料中に目的の配列が存在したかどうかを知ることができる（図8－7）。

さらに、さまざまな生体試料から核酸を抽出する簡便な方法として、チャン博士のグループがハドソン法を開発した。シャーロック法は、名探偵シャーロック・ホームズ（原作コナン・ドイル）から名付けられているが、ハドソン法はシャーロック・ホームズが暮らしていた下宿の女主人のハドソン夫人から名前をとったようである。これらの技術を利用し、ジカウイルスやデング熱ウイルスの検出が高感度で可能なことを証明している。この技術は、ウイルス、病原性細菌やがん変異が含まれるかなどを、臨床現場で大掛かりな機器を使うことなく短時間に高感度な検出を可能にする方法として注目されている。

チャン博士に対抗する技術としてクリスパー・キャス9を開発したダウドナ博士は、Cas12a（Cpf1）が二本鎖ＤＮＡの切断活性を有すると同時に一本鎖ＤＮＡを非特異的に切断することに

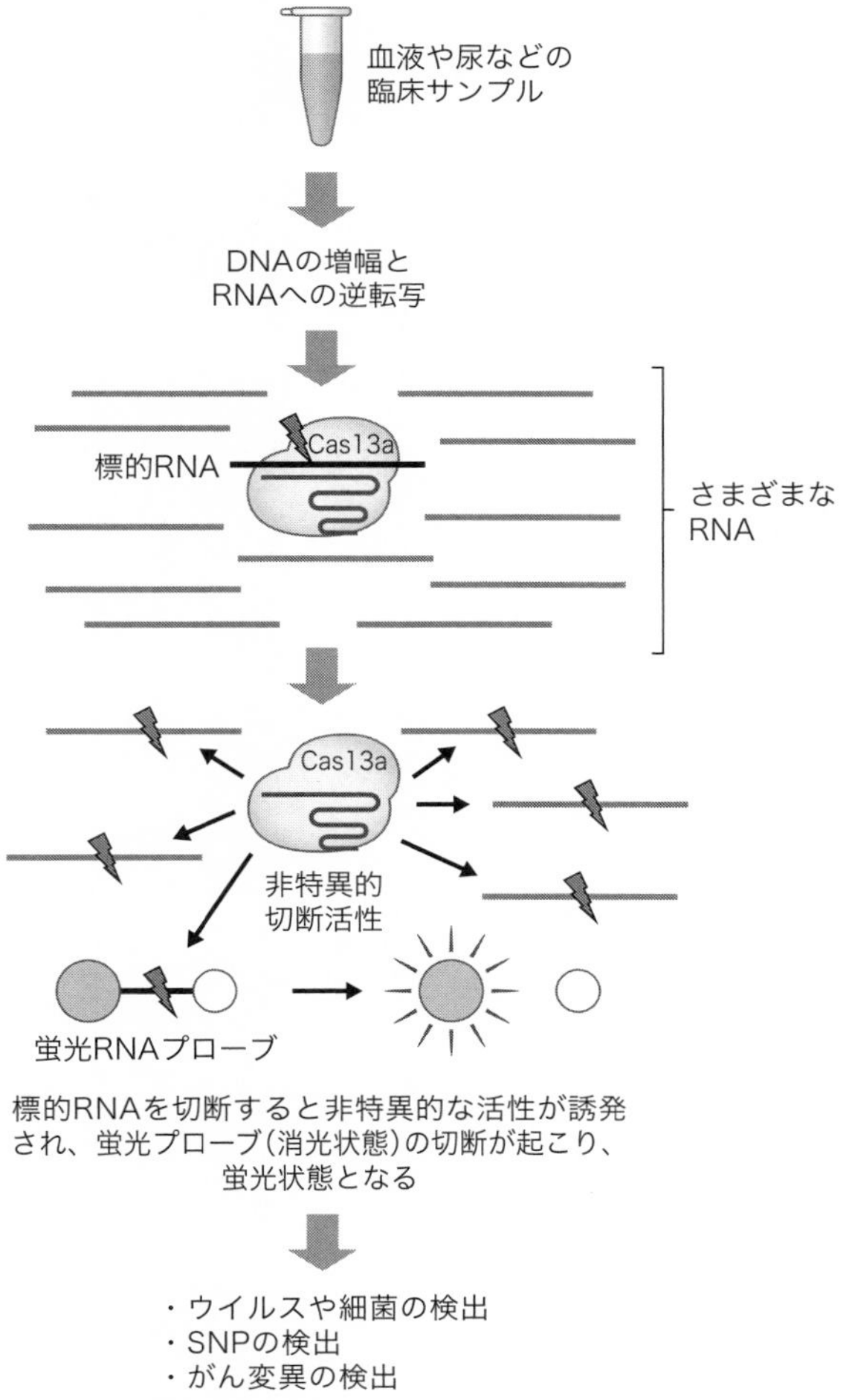

図8-7　核酸検出技術（シャーロック法）

着目して、蛍光レポーターを加えて高感度に検出するDETECTR法という検査技術を発表した。この方法によって、ヒトパピローマウイルス（HPV）の非感染者と2つのタイプの感染者について実証研究を行い、アトモル濃度（10のマイナス18乗モル）での検出に成功している。この方法では、2時間以内という短時間で検出が可能であり驚きである。ダウドナ博士らは、この技術をプラットフォームとしたマンモスバイオサイエンス社（社名の由来はマンモスのような絶滅種を復活させる技術開発を目指すことから命名したようである）を設立している。

8-6 クリスパー・ライブラリーで重要な遺伝子を突き止める

ゲノム編集ツールの中でもクリスパー・キャス9は簡便かつ高効率な技術であることを繰り返し述べてきた。筆者は、ZFNやターレンを使った研究からスタートしてきたので、クリスパー・キャス9が開発された当初は、簡便ではあるものの特に大きな必要性は感じなかった（これは大きな間違いであった）。筆者の研究室では1週間もあればターレンを作製できることや、オフターゲット変異導入についてもターレンのほうが低いことが報告されていたからである。

しかし、2014年にチャン博士が発表した技術を見て大きな衝撃を受けた。これまでの特定の遺伝子改変技術という考えを大きく覆す技術であったからである。それが、クリスパー・ライブラリーを利用した遺伝子のスクリーニング技術である。クリスパー・ライブラリーは全ての遺伝子を改変するガイドRNAの集団を示すので、ヒトのクリスパー・ライブラリーは、ヒトの2万個の遺伝子をそれぞれ切断することができる2万種類以上のガイドRNAを含む。

これまでのゲノム編集技術では、ゲノム情報から、興味のある遺伝子の塩基配列を標的とするガイドRNAを作製して、単一あるいは複数の遺伝子を改変して、その影響（表現型）を調べるのが常法であった。この方法は、表現型から原因遺伝子をつきとめる遺伝学的手法とは逆であることから逆遺伝学的手法とよばれている。この方法が使えなかった生物種にゲノム編集はアプローチしたのでもちろん大きなインパクトであった。

しかし、クリスパー・ライブラリーはさらにその上を行っていた。チャン博士は、クリスパー・ライブラリーを使ったゲノム編集技術によって、研究者が調べたい特定の機能を有する遺伝子を探索することを可能にした。これは特定の遺伝子を改変する逆遺伝学的アプローチに対して遺伝学的手法にあたる。

まず、マウスやヒトの全ての遺伝子に対してガイドRNAを作製し、これをウイルスベクターに組み込んだ（図8－8）。このウイルスベクターは、原理的に全ての遺伝子を切断することができるガイドRNAを含めることができる。

それぞれのウイルスは1つの遺伝子を標的とするガイドを発現することができるようになって

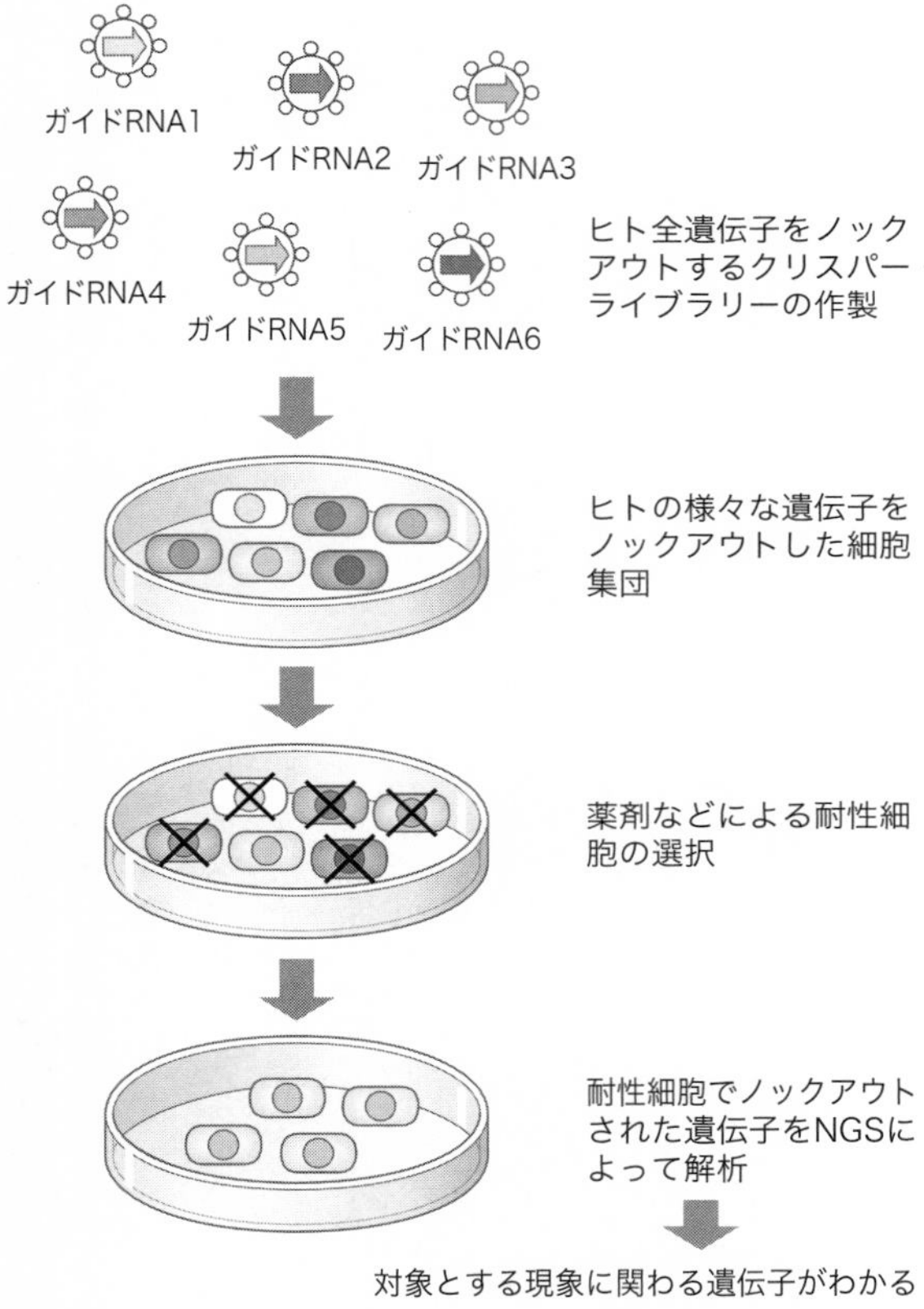
ガイドRNA1
ガイドRNA2
ガイドRNA3
ガイドRNA4
ガイドRNA5
ガイドRNA6
ヒト全遺伝子をノックアウトするクリスパー・ライブラリーの作製
ヒトの様々な遺伝子をノックアウトした細胞集団
薬剤などによる耐性細胞の選択
耐性細胞でノックアウトされた遺伝子をNGSによって解析
対象とする現象に関わる遺伝子がわかる

図8-8 クリスパー・ライブラリーを使った重要な遺伝子の探索法の原理

いる。１つの細胞には1種類のウイルスが感染する条件で、感染実験を行って、そこで生まれる変化を調べる。あるウイルスベクターを細胞に感染させた場合に、がん化したとすると、そのベクターに含まれるガイドＲＮＡが切断した遺伝子ががんの発症に関与している可能性があることを示唆する。

チャン博士は、マウスあるいはヒトの全遺伝子に対応したガイドＲＮＡをもつウイルス集団を細胞集団に感染させて、標的とする遺伝子の候補を一網打尽に探索する実験系を作り上げた。

次世代シークエンス技術を駆使すれば、前述の実験系を使って、がん化した細胞を回収して、どの遺伝子に切断が入っていたかを調べることができる。従来の遺伝学や逆遺伝学のアプローチでは、がんの発症に関わる遺伝子をある程度絞り込んでから実験系を作り上げる必要があったが、チャン博士が考案したゲノム編集ツールを駆使した実験系では、絞り込むことなく、遺伝子の全集団からどの遺伝子ががんになる原因となったかを探索することができる。多分に職人的・天才的な閃きが必要とされた従来の手法とは違って、システマチックかつ機械的に標的遺伝子の絞り込みを可能にした点が革新的であったわけである。

正直なところこの方法が発表されたとき、間違いなくクリスパー・キャス９の時代になることに気づいた。国内の多くの研究者がやられたと思ったに違いない（少なくとも筆者は強く感じた）。この方法は、がんの原因遺伝子の探索にとどまらず、ある生命現象に関わる遺伝子の探索を可能にするものであることは明らかであった。その後、当然のように、さまざまな生命現象に関する遺伝子の探索や薬の標的遺伝子の探索など、この5年の間に多くの研究者がこの技術を導入している。

8-7 DNAバーコーディングとゲノム編集によって細胞系譜を調べる

ＤＮＡバーコーディングとは、ＤＮＡ複製時の起点となる短鎖の塩基配列をバーコードとして利用して、生物種の系統を明らかにする技術である。商品についているバーコードのように生物種を識別するために使われている。ＤＮＡバーコードに利用する配列は、生物種で保存された遺伝子（例えば動物ではミトコンドリアのある遺伝子）である一方、塩基配列のレベルでは変化が起きていることが条件となる。ＤＮＡのシークエンシングが簡便になったことから、ＤＮＡバーコーディングは生物の分類に必須な技術であり、未知の種の系統的な位置づけも可能となっている。特に、昆虫など多様な種の分類に力を発揮することが期待されている。

最近、この技術にゲノム編集を利用して、培養細胞集団や個体内で細胞がどのように生み出されるのかを解析する方法が確立されてきた。動物の発生では、受精卵から生み出される細胞は、初期発生の時期に大きく3つの細胞集団（三胚葉）に分かれ、様々な細胞に分化する（図1－1

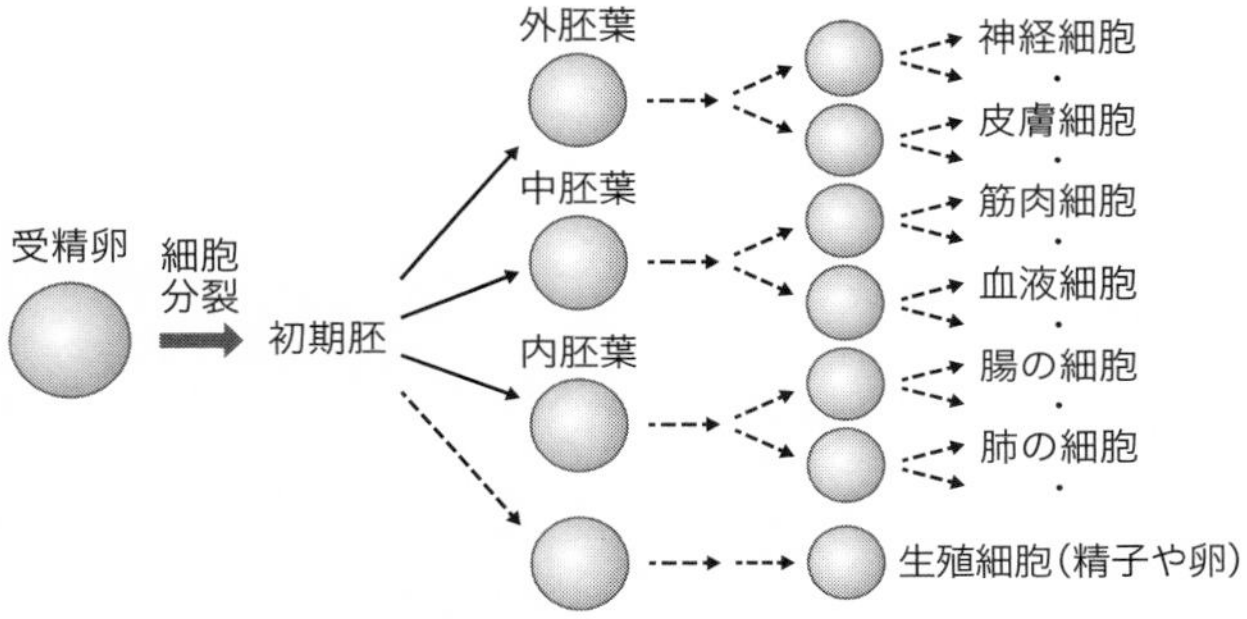

図1-1　細胞の分化（再掲）

参照）。成体の細胞が発生の過程においてどの細胞に由来して分化するのかを調べたものは細胞系譜とよばれる。この系譜の作成は、古くは色素で標識した細胞を追跡したり、取り込ませた蛍光物質を追跡することによって行われてきた。

例えば、線虫は約1000個の細胞から構成され、成体の全ての細胞が生み出された細胞系譜を遡ることができる。しかし、由来の異なる細胞から構成されている組織や器官で細胞それぞれの先祖細胞をたどることは簡単ではない。実際、ヒトの37兆個の細胞の全ての細胞が、どの細胞に由来するかをたどることは現時点ではできていない。これは、成体を構成する細胞数の多い生物でそれぞれの細胞を追跡する技術が確立されていなかったからである。この細胞系譜を追跡する方法として注目されているのが、クリスパー・キャス9とDNAバーコーディング技術を融合した技術である。

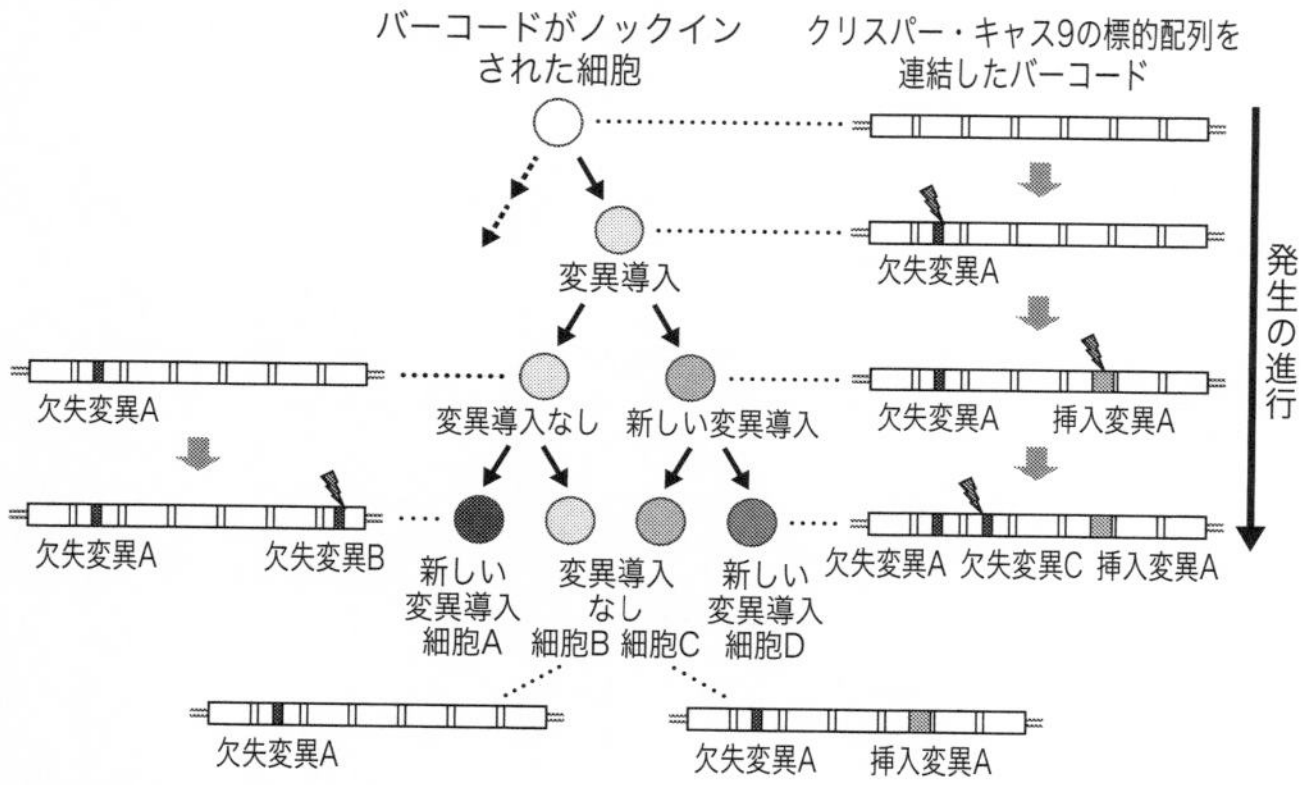

図8-9 細胞系譜の追跡技術

細胞分裂過程でバーコード配列が変化し、その変化を追跡することで細胞系譜を解析できる。

1つの細胞が分裂して生まれる娘細胞のゲノム情報は全く同じクローンである。しかし、分裂過程においてある細胞の塩基配列に変異が入ると、その変異は由来する全ての細胞に引き継がれるので子孫の細胞を追跡することができる。クリスパー・キャス9を利用して確立された技術では、ガイドRNAの標的配列を多重に連結した人工のDNAバーコードを利用する。この人工DNAバーコード内の標的配列がクリスパー・キャス9によって低い頻度で確率的に切断されることによって、バーコードの長さと変異の多型が生じる。

GESTALT (genome editing of synthetic target arrays for lineage tracing) 法と命名された方法では、人工DNAバーコードをゲ

ノム中にまずノックインしておく。その後、細胞分裂ごとに、さまざまな変異がクリスパー・キャス9によって順番に導入されたことを塩基配列を調べることによって明らかにするのである。図8-9に示すDNAバーコードを利用した細胞系譜の追跡技術では、バーコードがノックインされた細胞の中で欠失変異Aが導入された細胞がまず生じる。この細胞が分裂した後に、変異導入が起こらなかった細胞と挿入変異Aが導入された細胞が生まれる。導入変異が見られなかった細胞に新たに欠失変異Bが生じた細胞Aと変異導入が起こらなかった細胞Bが生まれる。一方、挿入変異Aが導入された細胞へ、分裂後に欠失変異Cの有無によってバーコード内が異なる細胞Cと細胞Dが生じる。このようなバーコードの配列変化を、時間経過を追って、網羅的に調べることによって、細胞がどのような経路で生まれてきたのか（細胞系譜）を明らかにできる。

実際には、培養細胞とゼブラフィッシュの発生にこの技術を適用し、何千ものバーコードが生成され、細胞系譜を追跡できることが証明された。興味深いことに、ゼブラフィッシュの成体器官は胚の比較的限られた細胞に由来するということがわかった。さらに、一細胞レベルでのRNAシークエンス解析を組み合わせることによって、細胞の性質（発現するmRNAの種類や数）も明らかにできることから、今後、さまざまな脳細胞の細胞系譜と機能が明らかにされていくであろう。

第9章

ゲノム編集は本当に安全と言えるのか?

9-1 ゲノム編集のオフターゲット作用

ゲノム編集では、標的遺伝子を切断するゲノム編集ツールを利用することから、目的以外の配列の切断で予期せぬ箇所へ変異導入が起こるオフターゲット作用（目的以外の変異導入）が心配されている（図9-1）。オフターゲット作用が心配される配列は、主に標的配列と類似した配列である。そのため、類似配列が極力存在しない標的配列を選べば、オフターゲット作用の影響を可能な限り低減して実験を行うことができる。しかし、クリスパー・キャス9ではパム（キャス9が働くために必要な短い特異配列：77ページ参照）が必要とされるため、標的遺伝子によってはガイドRNAが特定の箇所にしか作製できずオフターゲット作用をさけるのが難しい場合がある。この制約を避ける目的で、パムの異なる新しいクリスパーが多様な細菌から発見され、さらにはキャスタンパク質のアミノ酸改変によってパムの要求性を変化させる研究も進んでいる。オフターゲット作用を回避する方法としては、第二世代のターレンを利用することも有効である。ターレンは認識配列を長くとることができるので、これによって特異性を高めたゲノム編集が可能である。

ゲノム配列の解読された生物種においては、標的配列と合わせてオフターゲット候補となる類

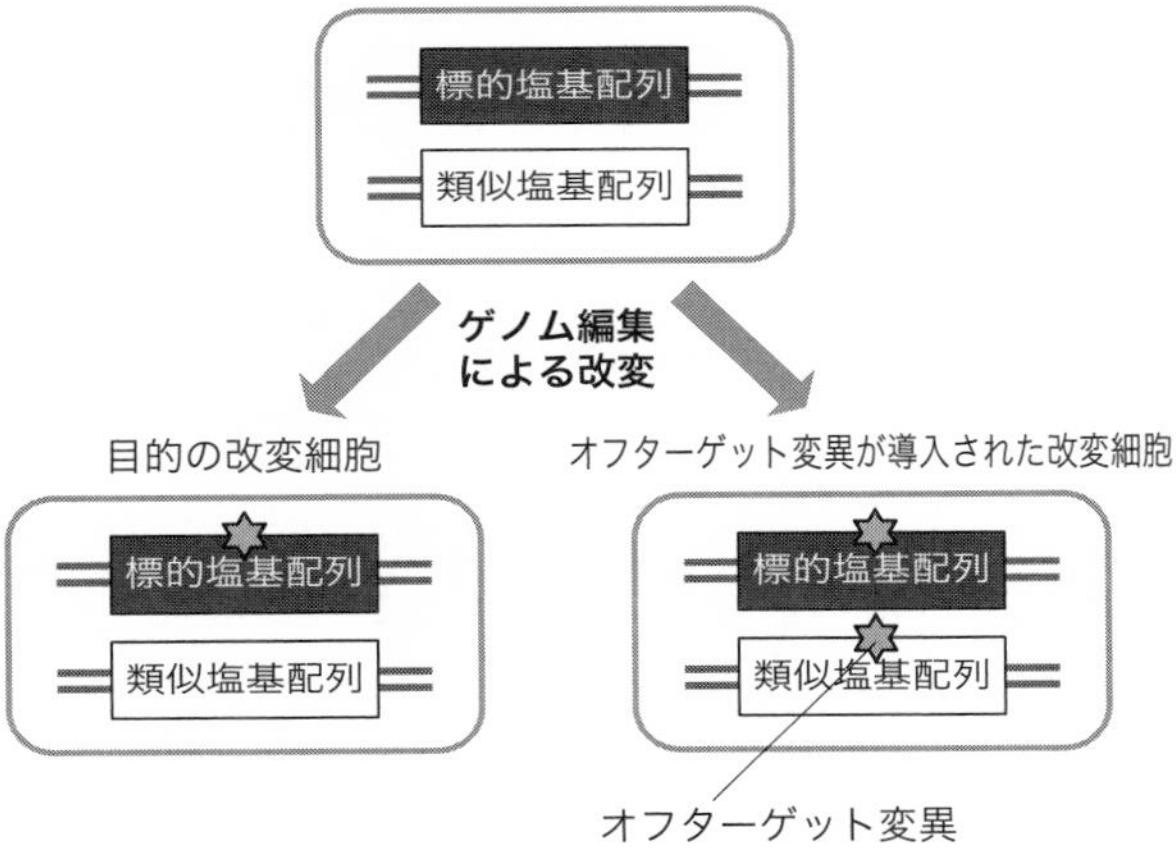

図9-1　オフターゲット作用

似配列の検索ツールが開発されている。これらの検索ツールの多くはインターネット上で公開されており、研究者は自由に利用することができる。それでは、ゲノム配列が解読されていない生物ではオフターゲット作用はどのように調べればいいのであろうか？

現時点で有効な方法はないが、研究者はゲノム編集ツールの導入による影響（生物に与える影響と環境に与える影響）を導入する生物種に応じてさまざまな角度から考察する必要がある。今後、ゲノム未解読の生物種においてもゲノム編集が利用される可能性を考えると、任意の標的配列について、試験管内の実験や培養細胞を用いた実験で事前にゲノム編集ツールの安全性を評価する方法の確立が急務である。

9-2 ゲノム編集の安全性の考え方

ゲノム編集をより安全に使うための技術開発と安全性評価法の開発が国内外で現在進められている。特に医療に使う場合にはオフターゲット変異導入が全く起こらない技術を確立することが理想的である。しかし、たとえオフターゲット変異導入が起こらないゲノム編集ツールを使っても、そもそもDNAは自然突然変異によって変化していることを常に念頭におく必要がある（第1章、1-7）。

安全かどうかは、自然に起こる変化以上に、ゲノム編集のオフターゲット作用によって目的以外の変異が導入されたかどうかを考える必要がある。また、品種改良では、歴史的には人工の突然変異を積極的に利用してきた。突然変異育種で作出された有用な品種でゲノムにどのような変異が起こっているか正確に評価することは難しい。このような状況を考えると安全性は利用目的に応じて考察することが重要である。

類似配列以外の配列でオフターゲット作用は起きないのであろうか？　あるいは切断を標的遺伝子に対してのみ局所的に行うことができているのであろうか？　最近の研究では、クリスパー・キャス9によって予期せぬタイプの変異が導入されることが報告されている。通常1ヵ所の切断では、切断箇所での小さい欠失や挿入が起こるのが一般的であるが、最近の研究で予想以上に大きな欠失（5000塩基対にも及ぶ場合もある）が誘導されることが哺乳類の細胞で示された。なぜ、このような大きな欠失が起こるのかについての説明はなされていないが、細胞の核ではDNAはクロマチン構造をとっており、折り畳まれた状態で存在することが関係すると考えられる。DNA二本鎖切断を修復する際に偶然近くに位置するDNAと相互作用して修復されると、DNAが大きく欠失することも不思議ではない。

また、キャス9の発現によって、がん抑制遺伝子の1つであるp53が活性化されることが報告されている。p53はDNA損傷応答を担うため、ゲノム編集によって活性化されることは不思議ではないかもしれない。そのため、エクスビボ治療のための細胞作製ではp53を含めてDNA損傷応答に関わる遺伝子に変異が入っていないことを調べることが1つの重要な評価につながると考えられる。

これらの結果を考えると、ゲノム編集ツールを体内で長期間働かせることについては十分な注意が必要であろう。遺伝子治療用のAAVベクターによって臓器特異的にゲノム編集を行うことが可能となっているが、このベクターでも何年（あるいは何十年）もゲノム編集ツールが臓器中で働くことになる。キャス9タンパク質が免疫原性となる可能性もあり、過剰な免疫応答を引き起こさないことの確認も必要である。長期間にわたるゲノム編集の影響については、遺伝子治療での安全評価をベースにして慎重に検討する必要がある。

オフターゲット変異導入を避ける方法として注目されているのが、ゲノム編集ツールを一過的に目的の細胞や臓器で働かせる方法である。効率的かつ安全にゲノム編集を行うためには、送り込まれたゲノム編集ツールがDNAを切断した後、速やかに分解されて消失するようにしてやればよい。この目的で、クリスパー・キャス9のRNPをウイルス粒子様の構造体やリポソームとよばれる脂質粒子に封入させて、細胞膜を透過させることによって運ぶ方法が注目されている。ウイルスベクターやプラスミドDNAとしてゲノム編集ツールを運ぶ方法（ゲノム中に取り込まれる可能性もある）とは異なり、一過的に作用し早い時間で分解されるため、オフターゲット作用の抑制効果が期待できる。

9-3 外来種の繁殖を防ぐ技術としての可能性

地球温暖化やグローバル化（国内外での生物輸送の増加）によって、これまでその地域に生存しなかった生物種が、移動・繁殖によって生息域を広げる現象が世界各地で広がっている。日本国内では、カメムシやハチなどの昆虫、ブラックバスやブルーギルなどの魚類、アフリカツメガエルなどの両生類、ミシシッピアカミミガメなどの爬虫類やキョンなどの哺乳類など多くの外来種が、希少種の生息を脅かしている。生物の多様性を維持するためには、外来種の繁殖を抑え、絶滅危惧種の生息環境を守ることが必要となる。この外来種の繁殖を制限する方法の1つとして注目されているのが遺伝子改変で、ゲノム編集を使った方法の開発が国内外で検討されている。

害虫駆除の方法として、ランダム変異導入によって作製された不妊害虫を使って子孫が生まれないようにする方法が知られている。ウリミバエは果実の害虫であるが、沖縄では放射線によって不妊化したウリミバエの雄を放ち、根絶に成功した。そこでゲノム編集によって、雄あるいは雌のどちらか一方の性の子孫が不妊化できれば、繁殖を抑えることは可能であると多くの研究者が考えた。具体的には、性の決定や成熟に関わる遺伝子が明らかにされている生物種では、それら遺伝子の改変によって作製した親から、不妊化した子孫を作製できる。実際、国立研究開発法人水産研究・教育機構と三重大学の研究グループは、クリスパー・キャス9によって不妊化魚を作製し、ブルーギルを根絶するための研究成果を報告している。このような研究の場合、作製された生物ゲノムにゲノム編集ツールが残っていなければ、遺伝子組換えには当たらないので、目的次第では将来環境中での利用も可能になるかもしれない。

一方、注意が必要なことは、日本での外来種も原産国が当然あることから、原産国で上述の技術が使われれば、種を絶滅させる技術になりかねない。今後さまざまな生物種においてゲノム編集が使われることは間違いないが、改変された生物種が環境に与える影響を熟慮する必要がある。

ゲノム編集によって繁殖を抑制する方法が確立できても、生物集団内に効率的に広がらないと実際の駆除にはつながらない。これまでの方法では、駆除のために大量の改変生物を放つ方法が主流であった。この問題を解決する方法として注目されているのが、ゲノム編集を利用した遺伝子ドライブ技術である(次節)。

9-4 ゲノム編集と遺伝子ドライブによって感染症を防ぐ

メンデルの遺伝の法則では、個体の父方あるいは母方に変異アレルが存在する場合(これをヘテロ接合体とよぶ)、正常個体との交配によって、次世代へ変異が受け継がれる確率は原理的に約50%である。さらに、その子孫が正常個体と交配すると、集団内での変異アレルの比率はさらに低下していく(図9-2)。このように、遺伝子が変異した場合にも、生物集団内にその変異が短期間に広がっていくことはない。

これに対して、ゲノム編集の技術を使えば、メンデル遺伝では決して起き得ない急速に特別な遺伝的変異を拡散することができる。この方法を遺伝子ドライブ(ミュータジェニックPCR)

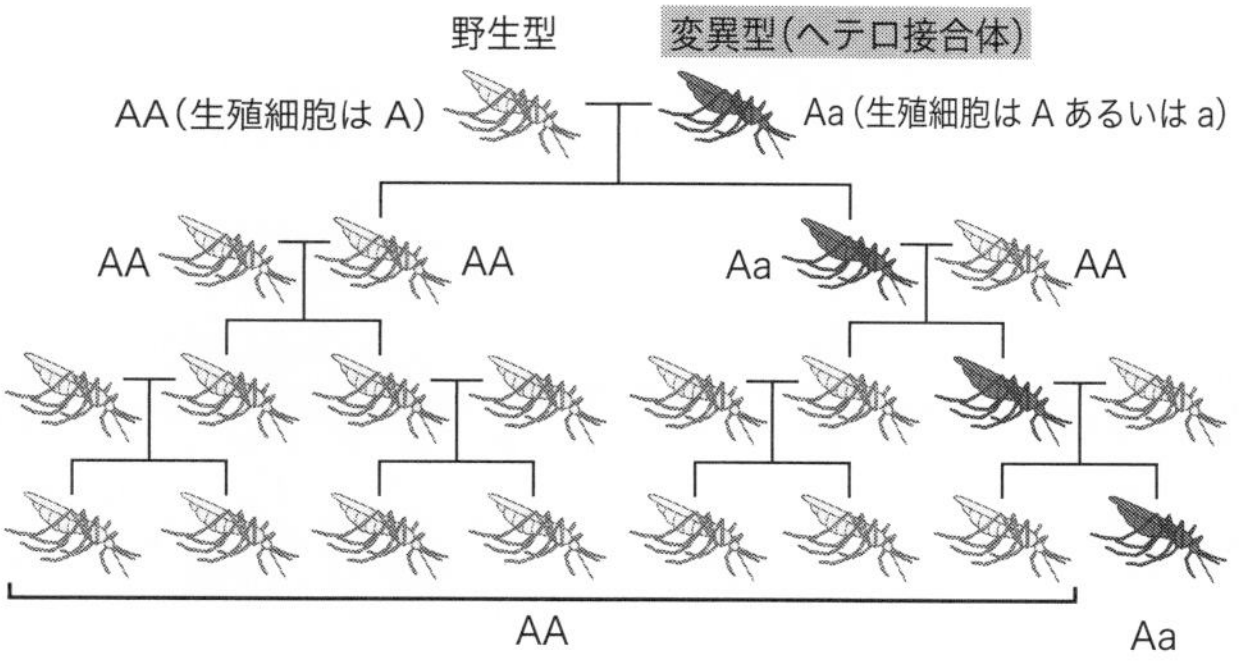
野生型
変異型(ヘテロ接合体)
AA(生殖細胞は A)
Aa(生殖細胞は A あるいは a)
AA
AA
Aa
AA
AA
Aa

図9-2 メンデル遺伝では、変異型は子孫に受け継がれにくい

通常のメンデル遺伝では、個体の父方あるいは母方に変異アレルが存在する場合、正常個体(野生型)との交配によって、次世代へ変異が受け継がれる確率は原理的に約50%である。

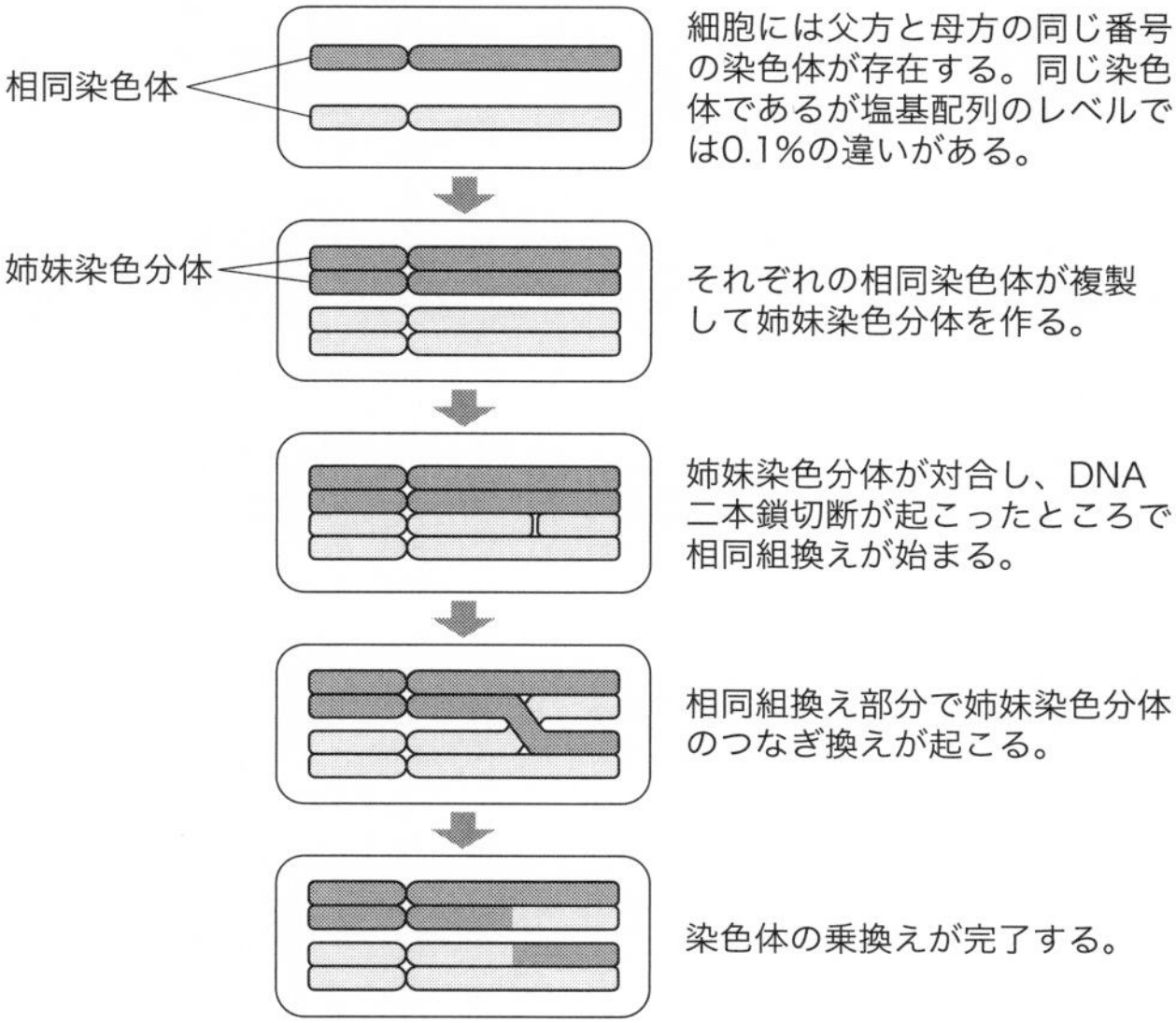
相同染色体
細胞には父方と母方の同じ番号の染色体が存在する。同じ染色体であるが塩基配列のレベルでは0.1%の違いがある。
姉妹染色分体
それぞれの相同染色体が複製して姉妹染色分体を作る。
姉妹染色分体が対合し、DNA二本鎖切断が起こったところで相同組換えが始まる。
相同組換え部分で姉妹染色分体のつなぎ換えが起こる。
染色体の乗換えが完了する。

図9-3 減数分裂での染色体の乗換え

とよんでいる。驚くべきことに、遺伝子ドライブは、変異アレルを数世代で集団に広げることが可能な技術である。

なぜこのような現象が可能になるのであろうか？　これには、生殖細胞の減数分裂過程に見られる相同組換え機構が利用される。生殖細胞は、減数分裂の過程で、父方と母方の染色体が対合し、一方の染色体にＤＮＡ二本鎖切断が起こる。末端には削り込みが生じ、相同組換えによってお互いの相同な染色体部分を交換する（染色体乗換え）。この生殖細胞での相同組換え活性を利用して、ＤＮＡ二本鎖切断を標的配列に誘導し、非切断染色体を鋳型にした相同組換えによって遺伝子修復を起こさせる。遺伝子ドライブはこの原理を利用した方法である。

集団へ広げる変異型対立遺伝子（アレル）を作り出すために、標的遺伝子Ｘを切断するクリスパー・キャス９発現ベクター（ガイドＲＮＡとキャス９の両方の遺伝子をもっている）を構築する。このベクターを父方あるいは母方の染色体上の標的遺伝子Ｘにノックインする（図９－４では父系遺伝子Ｘにノックインしている）。これによって、クリスパー・キャス９発現ベクターが挿入された変異型アレルを作り出す。

生殖細胞において、挿入された発現ベクターからクリスパー・キャス９システムが働き出すと、野生型アレル（図９－４では母系遺伝子Ｘ）が切断され、クリスパー・キャス９発現ベクターが相同組換え修復によってノックインされる。このようにクリスパー・キャス９を使って生殖

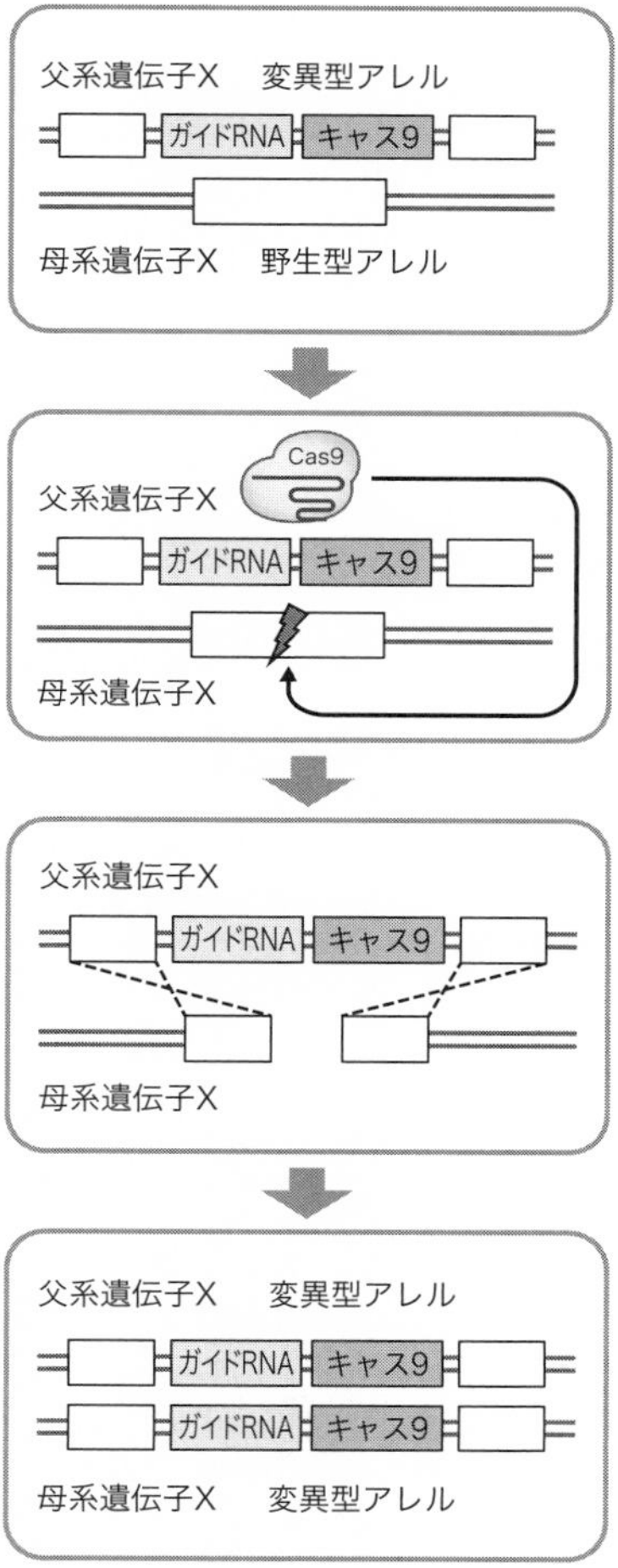

父方遺伝子へクリスパー・キャス9の発現ベクターが挿入され、遺伝子Xの機能が不活性化された生物を仮定する。この発現カセットは遺伝子Xを標的とする。

生殖細胞では、発現ベクターからクリスパー・キャス9が発現し、母系遺伝子Xを切断する。

生殖細胞では、父方遺伝子をもとにした相同組換えによって母系遺伝子Xが修復される。

その結果、母方遺伝子にもクリスパー・キャス9の発現ベクターが挿入される。

図9-4　遺伝子ドライブの原理

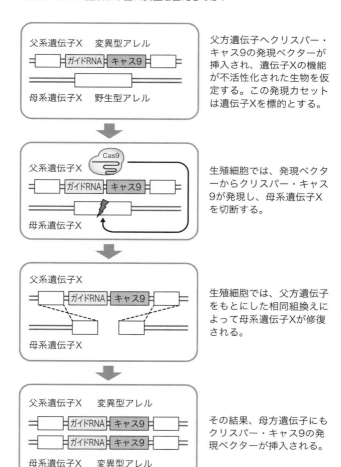

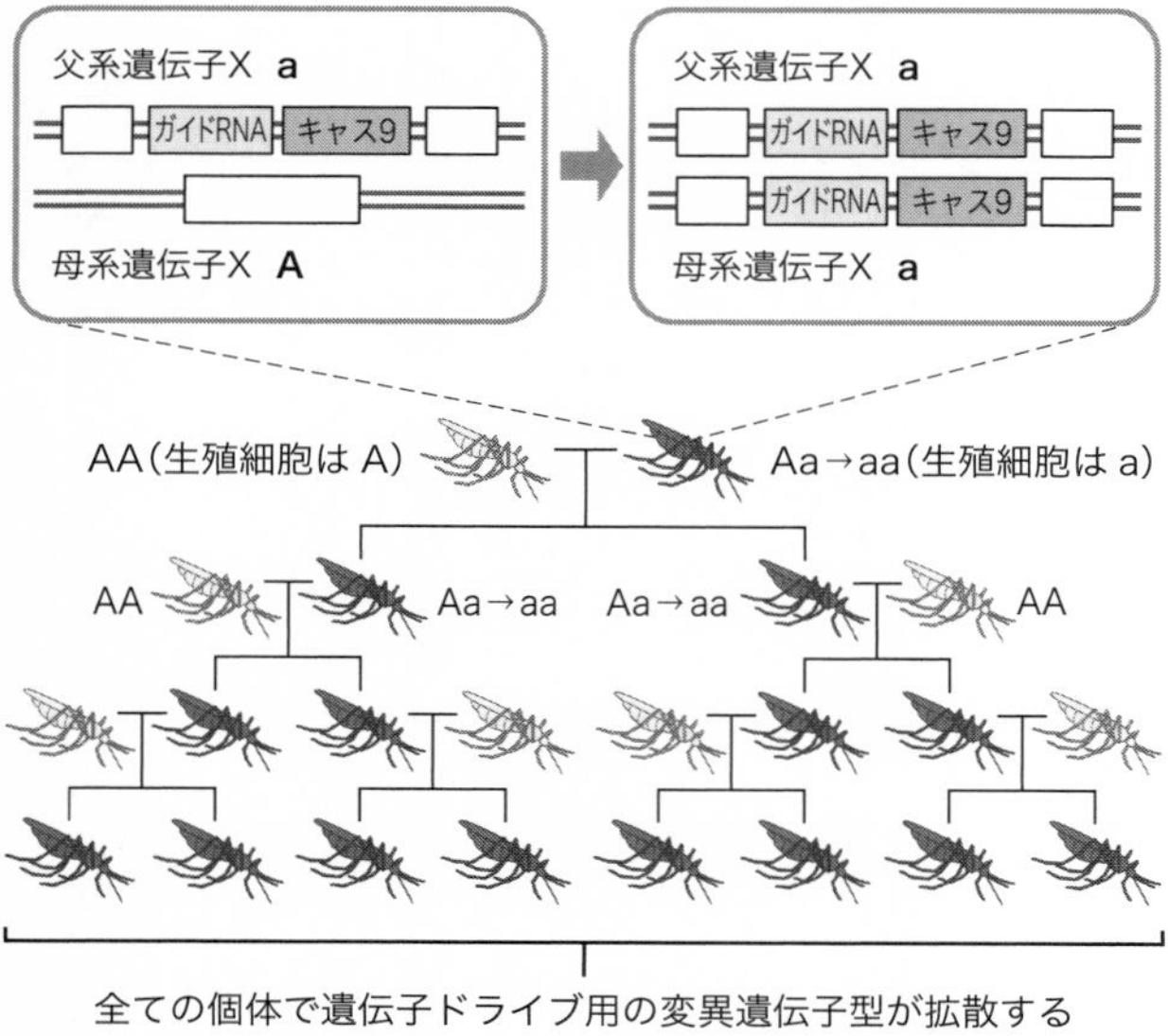

図9-5 遺伝子ドライブ遺伝

細胞で、野生型アレルを変異型アレルへコピーすることができる（図9-4）。

このような遺伝子ドライブが動いた場合は、生殖細胞の多くが変異型アレル（対立遺伝子a）を有することになるので、正常個体との交配によってほとんどの子孫に変異型アレルが受け継がれることになる。さらに次の世代でも正常個体との交配ではほとんどの子孫で変異が受け継がれ、最終的には数世代で変異型アレルが集団内に広がることになる（図9-5）。

遺伝子ドライブは、クリスパー・キャス9の発現ベクターを挿入することが前提であり、子孫ができるたびに挿入によって野生型アレルを破壊したり、外来遺伝子を挿入することができる。実際、英国インペリアルカレッジロンドンの研究グループは、実験室環境において雌性不妊を引き起こす複数の遺伝子に関して、遺伝子ドライブによって90％以上の効率で子孫に変異型アレルを伝達できることを示している。

遺伝子ドライブの利用が想定されているのは、蚊が媒介して感染を広げる感染症の撲滅である。例えばマラリア原虫の増殖を抑制する遺伝子（マラリア耐性遺伝子）を組み込んでおけば、耐性遺伝子を蚊集団へ短期間に広げ、感染症を根絶できる可能性がある。

一方、遺伝子ドライブでは、クリスパー・キャス9を発現するベクターや耐性遺伝子を組み込むので、遺伝子組換え体の作製が必要となる。「バイオセーフティに関するカルタヘナ議定書」（カルタヘナ議定書）を批准する国においては、遺伝子組換え体の野外での研究については生物多様性に与える影響を評価した上で、安全性が確認できなければ利用することはできない（現実的に日本国内で野外に放すことはできない）。英国オキシテック社は、既にブラジルにおいて遺伝子組換えのネッタイシマカの繁殖を抑える目的で放虫しているが、明確な効果は見られていない。逆に、野生集団の中に外来遺伝子が混入していることが示され、環境への問題が懸念されている。環境中で予測不能な遺伝的な変異などの現象が起こり、集団内に広がってしまう可能性については継続的に評価することが必須である。このような状況ではあるが、蚊が媒介したウイルス感染は、ヒトの病気を広げるだけでなく、多くの鳥類を絶滅の危機にさらしていることから、安全性が担保できる技術開発が進んだ先には、特定の目的に限って利用する余地を残すことも重要であると筆者は考えている。

9-5 ゲノム編集を使ったヒト受精卵での研究

ゲノム編集は、医学の分野で大きな期待が寄せられていることをこれまで何度も述べてきた。特に、遺伝性疾患やがん、感染症の治療のため、体細胞での治療は積極的に進められており、開発競争も激しさを増すばかりである。これらの成果は、主にヒトの培養細胞や幹細胞、哺乳動物での研究成果を元にしたものだが、2015年頃からヒトの受精卵や胚にゲノム編集を適用しようとする動きが見られるようになった。技術的には、ヒト受精卵・胚においても標的遺伝子を改変できることに疑いをもつ研究者はいなかったが、ゲノム編集は安全性の問題と倫理の問題を考え慎重に進める必要があった。

2015年に中国中山大学の研究者がヒト受精卵（3倍体胚）のゲノム編集研究を発表し、世界中を驚かせた。ヒト3倍体胚は、発生を途中で停止することから、基礎研究目的であることは理解できるものの、世界的なコンセンサスのない中で実施されたことが大きな問題となった。そ

国外	
2015年	ヒト三倍体胚でのβサラセミアの原因変異修復の試み（中国）
2015年	第1回ヒトゲノム編集国際サミットでのヒト受精胚研究に関する声明（ワシントンD.C.での開催）
2016年	ヒト三倍体胚でのHIV共受容体CCR5遺伝子改変の試み（中国）
2017年	ヒト正常受精胚での遺伝子修復の試み（中国）
2017年	ヒト正常受精胚での疾患遺伝子修復の試み（米国）
2017年	ヒト正常受精胚でのOct4遺伝子の機能解析（英国）
2018年	ヒト正常受精胚でHIV共受容体CCR5遺伝子を改変した双子の誕生 (中国)
2018年	第2回ヒトゲノム編集国際サミット（香港での開催）
2019年	HIV共受容体CCR5遺伝子改変による臨床研究の計画発表（ロシア）

国内	
2018年	生殖補助医療研究を目的とするゲノム編集技術等の利用について（第一次報告書）（総合科学技術・イノベーション会議）
2019年	ヒト受精胚に遺伝情報改変技術等を用いる研究に関する倫理指針（文部科学省・厚生労働省）
2019年	ヒト受精胚へのゲノム編集技術等の利用等について（第二次報告書）（総合科学技術・イノベーション会議）
2020年	ゲノム編集技術のヒト胚等への臨床応用に対する法規制のあり方について（日本学術会議）

図9-6
クリスパー・キャス9を使ったヒト受精卵でのゲノム編集研究の流れ

のため、同年、米国、英国、中国の研究協会の主催でワシントンD.C.において第1回のヒトゲノム編集国際サミットが開催された（図9-6）。このサミットでは、研究者、社会学者、倫理学者を含め、ゲノム編集技術のヒトへの利用について議論がなされた。共同声明では、体細胞でのゲノム編集は、基礎研究に加えて臨床研究においても積極的に進めることが重要であることが記載された。受精卵を使った基礎研究は、ヒトの受精や発生の機構を理解することや生殖補助医療につながる目的であれば、各国の規制のもとに進めるべきであることが示された。

一方、ヒト受精卵を使った臨床研究については、安全性が十分とはいえないこと（オフターゲット作用や後述のモザイクの問題）、デザイナーベイビーの作製につながるエンハンスメント（増強）の問題があることから、現時点で行うべきではないことが確認され、基礎研究でゲノム編集を行ったヒト受精卵・胚を子宮へ戻して、誕生させてはいけないことが国際的なガイドラインとなった。

第1回の国際サミット以後は、基礎研究目的のヒト3倍体胚の研究から正常受精卵・胚を使った研究が、中国、米国、英国において次々に実施され、それらの成果が国際学術雑誌に報告されている。特に中国では、10以上のヒト受精卵を使った研究論文が報告されており、国としてヒト胚でのゲノム編集技術開発を積極的に進めている。これらの研究は、将来を見据えて遺伝性疾患（βサラセミア、グルコース－6－リン酸脱水素酵素欠乏症など）の変異を修復できるかどうかを調べるクリスパー・キャス9やベースエディターを使った研究であったり、ヒトの発生に重要な遺伝子を明らかにすることや不妊の原因となっている遺伝子を解明するために重要なものである。日本国内においては2020年の現時点で基礎研究目的でのヒト受精卵の基礎研究は依然として行われていないのとは対照的である。

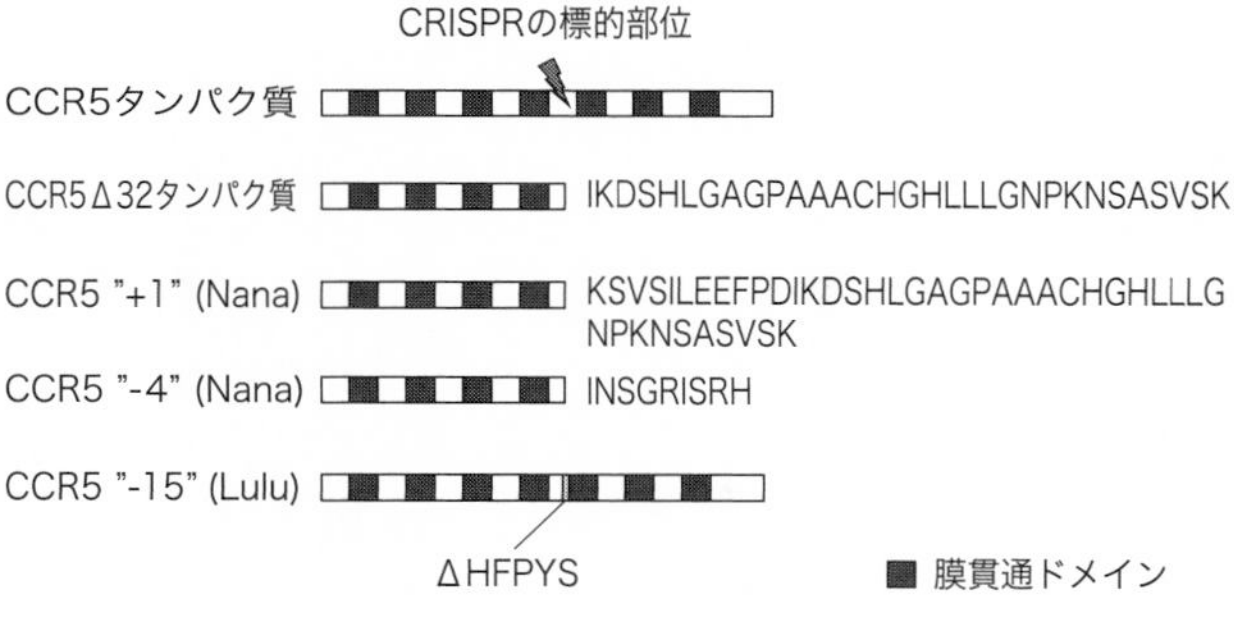

図9-7
中国のゲノム編集ベイビーに導入されたCCR5タンパク質への変異

ヒト受精卵・胚での臨床研究は行うべきではないというのが基本ガイドラインと考えられていたが、２０１８年の11月に事件が起きた。中国の南方科技大学の賀建奎副教授が、ＨＩＶの共受容体ＣＣＲ５を破壊する目的で、ＨＩＶ陽性の男性の精子と陰性の女性の卵から作製した受精卵で、クリスパー・キャス9でのゲノム編集を行い、子宮へ戻し双子の女の子（Ｌｕｌｕ《ルル》とＮａｎａ《ナナ》）を誕生させたとのニュースが入った。まさに、第2回のヒトゲノム編集国際サミットが行われる香港においてこのニュースが飛び交い、この研究を実施した賀氏がサミットでこの研究結果について報告した。

彼は、ゲノム編集ツールの安全性について確かめ、研究が正当に進められたことを主張した。しかし彼の発表では、双子の女の子が本当に誕生したかどうかはその時点では判断できなかった。

彼は、ＨＩＶ耐性のヒトを作ることは正当な行為であり、自負さえ感じているかのようであった。しかし現在の医療技術であればＨＩＶ感染者の夫婦であっても、感染しないで子供を誕生させることができる。この状況を考えれば、彼の行ったゲノム編集は必然性がなく、安全なゲノム編集が保証されない段階で行った無責任な行為としか考えられない。その後、２人の女の子が誕生していることを中国政府が確認したと発表されている（違法医療行為として実刑判決が下っている）。しかしながら、確認されたＬｕｌｕとＮａｎａのＣＣＲ５遺伝子に導入された変異は、感染が抑制されるΔ32変異とは異なり（図９－７）、ＨＩＶへの抵抗性を獲得できたかについては評価することはできていない。

この臨床研究に対して、米国やヨーロッパの複数の学術団体から反対する声明が出された。日本においては、日本ゲノム編集学会（ＪＳＧＥ）および日本遺伝子細胞治療学会から、この行為に対する反対声明が発表された。この事件は、メディアでも大きく取り上げられ、ゲノム編集の技術についても多くの人が知ることになった。このような世界的な状況の中で、国際的にヒト受精卵での臨床応用は中止すべきであるとの共通認識が定着してきたと思われていたが、２０１９年６月の『ネイチャー』誌のニュースで再び驚かされることになった。ロシア人研究者が、賀建奎氏と同じＨＩＶ耐性を付与するゲノム編集の臨床応用を実施する計画を発表したのである。この発表後の５日後、ＪＳＧＥは、米国のGenome Writers Guild（ＧＷＧ）とヨーロッパのＡＲＲ

IGEと連携して、この臨床利用を行うべきではないことを含む国際共同声明を発表した。

一方、CCR5遺伝子は、その破壊によって脳梗塞の回復を早めるという別の機能も示唆されている。将来、安全性が確保でき、治療目的で受精卵でのゲノム編集の可能性を考え得る時代が来ることも想定して、治療目的の対象遺伝子についてゲノム編集が増強(エンハンスメント)につながる可能性を議論していく必要がある。例えば、アルツハイマー病のゲノム編集治療は認知力を高める可能性もあり、若い人に適用されればエンハンスメントにつながる可能性も完全には否定できない。

日本国内においては、ゲノム編集技術がヒト受精胚へ適用されつつある海外の状況と生殖補助医療を提供する医療機関ではヒト胚操作を日常的に行っている状況から、国の方針検討が求められていた。一般に生殖補助医療技術(ART)とは、体外受精や胚移植、顕微注入、凍結胚移植など不妊治療法を指す。内閣府の生命倫理専門調査会では、2015年から検討が開始され、「ヒト胚の取扱いに関する基本的考え方」(2004年に取りまとめ)に照らして、生殖補助医療研究を目的とするゲノム編集技術等の利用についてまとめた(一次報告、2018年)。ヒト受精卵の臨床研究は禁止すること、基礎研究においては生殖補助医療の研究を目的とした場合にヒト受精卵(不妊治療等の余剰胚)の利用を認めるガイドライン(指針)の策定を国に求めた(2018年)。これを受けて文部科学省と厚生労働省から、2019年「ヒト受精胚に遺伝情報改変技術等を用いる研究に関する倫理指針」が公布された。指針は、生殖補助医療の向上を目的とした基礎研究について、余剰胚で受精後14日間に限定し、研究機関と国によって適合性を審査することが示されている。

さらに2019年、生命倫理専門調査会は、ヒト胚へのゲノム編集技術等の利用についてまとめた（二次報告）。ここでは、受精胚に加えて生殖細胞を含めること、研究の妥当性を審査で認められれば、生殖補助医療研究に新規に作製した受精胚を利用することを容認する方針を示した。新規に作製したヒト胚を用いることは、受精に関係する遺伝子の機能を明らかにできる可能性があり、生殖補助医療の向上につながると考えられる。一方、遺伝性・先天性疾患の研究については、余剰胚を用いるものについて病態解明と治療法開発目的であれば可能であるが、新規作製胚については引き続き検討することとしている。

日本学術会議では、「ゲノム編集技術のヒト胚等への臨床応用に対する法規制のあり方について」（2020年）において、法律によってゲノム編集のヒト胚等の臨床研究を規制すべきであると提言している。これは、ヒト受精卵を使った臨床研究については、指針での規制では実効性が不十分と考えられるからである。また、ヒト受精胚の規制については国際的なルールの構築が急務であることも提言されている。欧米の多くの国で法律によって禁止されていることをかんがみると、現時点でヒト受精胚の臨床研究は日本国内においても法的に禁止すべきと考えられる。

一方、安全面と倫理面の問題が解決できれば、この技術の価値は非常に高く、将来に向けて臨床研究に対応できる技術開発を進めておくことが重要である。

9-6 ゲノム編集技術はどのように使っていくべきか

ゲノム編集によって作出した農水畜産物（遺伝子の部分欠失体など）は、これまでの遺伝子組換えの扱いとは大きく異なる。例えば、ゲノム編集ツールを一過的に作用させることによって自然突然変異と同じレベルの変異が導入されたものについては、どのような評価法を使っても自然突然変異と区別することができないのである。人工的に加工した核酸（RNAを含む）を導入した場合でも、残存していないことが証明できれば、今後はゲノム編集作物が市場に流通することが予想される。もちろん自然突然変異と同じレベルだからすぐに市場に出ることはなく、食品としての安全性（毒性物質やアレルゲン物質を産生しないこと）や環境への影響（他の植物を排除しないか、交雑しないかなど）を確認したのちに利用されることになる。食物としてゲノム編集で改変する場合においても、これまでの品種改良と同じく選別を繰り返して品種は作られていくであろう。

オフターゲット作用については、ゲノムが解読されている生物種についてはもちろん類似配列へ変異が入っていないことを調べることが必要であるが、作物種の多くはゲノムが完全に解読されているわけではない。NGSによってすぐに解読できるとも考えられるが、ある種の植物は倍数性が高く、繰り返し配列も多く含有する場合があり、完全な解読は簡単な作業ではない。

このような場合、ゲノム編集で利用するゲノム編集ツールそのものの特異性を評価するなど、事前に基準を設けてゲノム編集の安全性を確保することも必要となるであろう。あるいは、DNA二本鎖切断を導入しないゲノム編集技術を使うことも有効な方法の1つである。しかしながら、可能な限り評価したとしても、ゲノム編集ツールによって導入された変異なのか自然突然変異で導入された変異なのかを区別できない場合も想定される。既存の人工変異育種での変異導入のレベルと照らし、個々のゲノム編集品種が作物としての安全性（毒性物質やアレルゲン物質を産生していないこと）が確保できているかどうかを考察することが重要となってくる。

前述の作物等に利用する場合の安全性と治療目的のゲノム編集の安全性については考え方を変える必要がある。特に、ヒト受精卵でのゲノム編集の臨床研究では、一度導入された変異は生殖細胞を経て次の世代に受け継がれるので、問題は簡単ではない。そのため現時点では、安全性の問題と倫理問題からゲノム編集を使ったヒト受精卵の治療は無責任な行為と考えられる。安全性の面では、クリスパー・キャス9を含めたさまざまなゲノム編集ツールでのオフターゲット作用の問題を解決する必要がある。

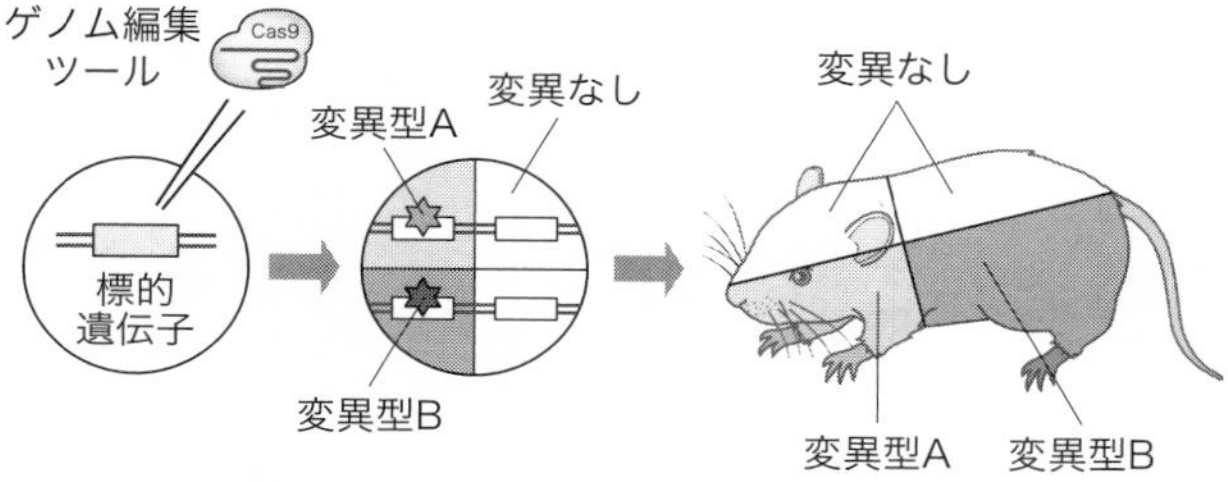

図9-8　ゲノム編集でのモザイク現象

特異性を上昇させたクリスパーの開発を進める一方で、切らない（DNA二本鎖切断を導入しないが片方の鎖を切断する）技術についてもオフターゲット作用が報告されていることから、特異性の向上が急務である。この問題は、受精卵以外の生体内でのゲノム編集治療においても同様の懸念がもたれる。生体内のゲノム編集では、高効率な編集のためにAAVなどのウイルスベクターの利用が期待されているが、長期にわたっての影響評価を行うことは現時点では難しい。最近では、1ヵ所の切断によって大きな欠失変異が導入されることなども報告されている（前述）。このような状況を考えると、ウイルスベクターを使わない方法（リポソームやナノ粒子）での効率的かつ一過的なゲノム編集ツールの導入技術の開発がゲノム編集治療には急務である。

さらに、ゲノム編集をヒト受精卵で行う場合の別の大きな問題として、モザイク現象の問題も必ず解決しなくてはならない（図9-8）。哺乳動物の受精卵を用いた研究から、受精卵に導入されたゲノム編集ツールは、細胞が分裂過程で変異を導入するため、初期の細胞ごとに異なる変異が導入される可能性が指摘されている。例えば、治療目的で将来活用する場合には、受精卵段階で目的の改変を実施し、全ての細胞が標的遺伝子については同じ遺伝子型を有することが必須となる。しかし、ゲノム編集の原理上、受精卵への改変導入は、修復経路に依存するため完全に同じ遺伝子型を導入することは現状では困難である。オフターゲット作用や予期せぬ改変などの技術的問題が全て解決され、受精卵において安全性が高く、同一の遺伝子型を導入できる技術が開発されるまで、ゲノム編集はヒト受精卵を使った治療へ利用できるレベルにはない。

将来、様々な技術的な問題や倫理的な問題が解決できた場合でも、リスクとベネフィットを天秤にかけ、代替の治療技術が存在しない生殖補助医療や遺伝性疾患の治療に限定して、ヒト受精卵に対するゲノム編集は利用すべきである。多くの遺伝性疾患では、疾患変異を除く方法として、着床前診断によって変異アレルの存在を調べることが可能であり、変異をもたない胚を選別することができる。またゲノム編集による改変では、技術の性格上、目的の改変が行われたかどうかの確認が必要である。胚の一部の細胞を調べることによって目的の改変となっているかを正確に調べる技術の開発が必要なことに加え、着床前診断の是非についても議論が必要となる。このようにヒト受精卵を利用したゲノム編集での遺伝性疾患治療には多く解決すべき問題があるものの、患者の立場に立ったとき、治療技術としての将来の可能性を排除することはできない。

おわりに

本書では、ゲノム編集技術の開発の歴史と現状、さまざまな分野での可能性、ゲノム編集の課題について紹介してきた。この技術が、ライフサイエンス分野で、如何に革新的な技術であるかを十分理解して頂けたものと思う。

興味深いことに、ゲノム編集で利用されるDNAを切るハサミは、細菌が宿主をコントロールするため、あるいはウイルスなどから自分を守るために進化させてきた技術を利用している。未知の細菌や古細菌には、いまだバイオテクノロジーに利用できる多くのツールが眠っている可能性がある。日本は、ゲノム編集の基盤ツール開発で遅れをとっているが、新しい改変技術やゲノム編集の有用生物の作出についてはこれからでも十分戦っていける可能性が残されている。その意味で国内の若い人に、ゲノム編集研究分野に参入して産業の発展に結びつけてほしいという思いから、この本の執筆を引き受けた。

ゲノム編集は、新しい遺伝子改変技術に早晩代わる可能性を示唆する研究者もいるが、分子クローニング技術やPCRが基本的になくならないのと同様に消えることはないであろう。クリスパー・キャス9が今後も主役であるかどうかは別にしても、DNAを狙って改変できる究極の技術である点でゲノム編集が中心的かつ汎用的な技術として利用され続けると筆者は感じている。

本書を読んでおわかりのように、利便性が高い技術である一方、ゲノム編集は諸刃の剣として、多くの問題も生み出している。技術の安全性の問題、デザイナーベイビーを含む倫理問題、環境問題など、1つ間違えると取り返しがつかない状況も想定される。特にゲノム編集生物が環境へ与える影響については、ゲノム解読が終了していない生物で利用する場合にはとりわけ注意が必要である。

クリスパー・キャス9は簡単かつ効率的であり、研究者の予想を遥かにこえたスピードで広がっている。そのためこの技術を止めることは、もはや不可能であるかもしれない。安全性を十分に確保するために、目的に応じて指針の作成や法規制等をさらに急ピッチで進めることも必要であろう。夢の技術を手にした人類は、いかにしてこの技術をコントロールしていくのか、まさに今、問われている。このような状況で、ゲノム編集の基本技術について若い人に正確な情報を提供することが最も重要であり、本書がその役割の一端を担うことができれば筆者としては望外の喜びである。

本書は、新型コロナウイルスの感染が国内で広がる中、最後の執筆を進めてきた。そんな中、ゲノム編集の新技術として紹介したシャーロック法を用いた新型コロナウイルスの検出キットが、米国で使用が許可されたとのニュースが飛びこんできた。診断薬としてこれだけ早く承認される米国の開発スピードにただ驚くばかりであるが、ゲノム編集で新型コロナウイルスの増殖を抑制できる日も将来訪れるかもしれない。

本執筆にあたり、執筆の進まない筆者に粘り強くつき合って下さった講談社の髙月順一氏に深く感謝します。加えて、本書の執筆に適切な意見を与えてくれた広島大学の坂本尚昭博士と顕微鏡画像を提供してくれた落合博博士に感謝します。また、国内外のゲノム編集の特許の関係や係争の状況について情報を下さったセントクレスト国際特許事務所の橋本一憲氏に感謝します。

ゲノム編集は、技術そのものが複雑で理解が難しいと多方面から声を聞く。本書では可能な限り理解が進むように工夫したつもりだが、最近の話題を中心としているため、用語の説明が十分でないなどわかりにくい部分があったことを反省している。本書とともに、より基礎的な本を参考にして頂ければ幸いである。

2020年6月

筆者

第８章

・ベース・エディター：Gaudelli NM, Komor AC, Rees HA, Packer MS, Badran AH, Bryson DI, Liu DR. Programmable base editing of A・T to G・C in genomic DNA without DNA cleavage. Nature, 551 (7681): 464-471 (2017)
・ターゲット・エイド：Nishida K, Arazoe T, Yachie N, Banno S, Kakimoto M, Tabata M, Mochizuki M, Miyabe A, Araki M, Hara KY, Shimatani Z, Kondo A.Targeted nucleotide editing using hybrid prokaryotic and vertebrate adaptive immune systems. Science, 2016 353 (6305): aaf8729 (2016)
・ROLEX法：Ochiai H, Sugawara T, Yamamoto T. Simultaneous live imaging of the transcription and nuclear position of specific genes. Nucleic Acids Res, 43 (19): e127 (2015)
・シャーロック法：Gootenberg JS, Abudayyeh OO, Lee JW, Essletzbichler P, Dy AJ, Joung J, Verdine V, Donghia N, Daringer NM, Freije CA, Myhrvold C, Bhattacharyya RP, Livny J, Regev A, Koonin EV, Hung DT, Sabeti PC, Collins JJ, Zhang F. Nucleic acid detection with CRISPR-Cas13a/C2c2. Science, 356 (6336): 438-442 (2017)
・DETECTR法：Chen JS, Ma E, Harrington LB, Da Costa M, Tian X, Palefsky JM, Doudna JA. CRISPR-Cas12a target binding unleashes indiscriminate single-stranded DNase activity. Science, 360 (6387): 436-439 (2018)
・クリスパー・ライブラリー：Shalem O, Sanjana NE, Hartenian E, Shi X, Scott DA, Mikkelsen TS, Heckl D, Ebert BL, Root DE, Doench JG, Zhang F. Genome-scale CRISPR-Cas9 knockout screening in human cells. Science, 343 (6166): 84-87 (2014)
・細胞系譜の追跡法：McKenna A, Findlay GM, Gagnon JA, Horwitz MS, Schier AF, Shendure J. Whole-organism lineage tracing by combinatorial and cumulative genome editing. Science, 353 (6298): aaf7907 (2016)

第９章

・クリスパー・キャス９での大規模欠失の可能性：Kosicki M, Tomberg K, Bradley A. Repair of double-strand breaks induced by CRISPR-Cas9 leads to large deletions and complex rearrangements. Nat Biotechnol, 36 (8): 765-771 (2018)
・クリスパー・キャス９でのp53を介するDNA損傷応答の活性化：Haapaniemi E, Botla S, Persson J, Schmierer B, Taipale J. CRISPR-Cas9 genome editing induces a p53-mediated DNA damage response. Nat Med, 24 (7): 927-930 (2018)
・遺伝子ドライブ：Hammond A, Galizi R, Kyrou K, Simoni A, Siniscalchi C, Katsanos D, Gribble M, Baker D, Marois E, Russell S, Burt A, Windbichler N, Crisanti A, Nolan T. A CRISPR-Cas9 gene drive system targeting female reproduction in the malaria mosquito vector Anopheles gambiae. Nat Biotechnol, 34 (1): 78-83 (2016)
・Ryder SP. #CRISPRbabies：Notes on a Scandal. CRISPR J, 1: 355-357 (2018)
・文部科学省：ヒト受精胚にゲノム編集技術等を用いる研究：https://www.lifescience.mext.go.jp/bioethics/embryoediting.html
・日本学術会議：提言「ゲノム編集技術のヒト胚等への臨床応用に対する法規制のあり方について」のポイント：http://www.scj.go.jp/ja/info/kohyo/kohyo-24-t287-1-abstract.html
・『週刊医学のあゆみ　特集「ゲノム編集の未来」』（山本卓企画）医歯薬出版

nucleases. PLoS One, 5 (1): e8870 (2010)
・植物でのZFNを用いた遺伝子破壊：Osakabe K, Osakabe Y, Toki S. Site-directed mutagenesis in Arabidopsis using custom-designed zinc finger nucleases. Proc Natl Acad Sci USA, 107 (26): 12034-12039 (2010)
・SIP：https://www8.cao.go.jp/cstp/gaiyo/sip/
・OPERA：https://www.jst.go.jp/opera/
・NEDO：https://www.nedo.go.jp/activities/ZZJP_100118.html
・卓越大学院プログラム：https://www.jsps.go.jp/j-takuetsu-pro/
・CRISPR database (CRISPRdb)：https://crispr.i2bc.paris-saclay.fr/crispr/
・Addgene：https://www.addgene.org

第5章
・『ゲノム編集入門』（山本卓編著）裳華房
・CRISPRdirect：https://crispr.dbcls.jp
・『実験医学別冊　今すぐ始めるゲノム編集』（山本卓編）羊土社
・『実験医学増刊　All about　ゲノム編集』（真下知士、山本卓編）羊土社

第6章
・『実験医学別冊　完全版　ゲノム編集実験スタンダード』（山本卓、佐久間哲史編）羊土社
・『ゲノム編集入門』（山本卓編著）裳華房
・中島治、近藤一成、食用と考えられるゲノム編集動植物に関する調査、Bull. Natl Inst. Health Sci., 136, 52-69 (2018)
・SDGsについて国連広報センター：https://www.unic.or.jp/activities/economic_social_development/sustainable_development/2030agenda/
・ゲノム編集技術の利用により得られた生物であってカルタヘナ法に規定された「遺伝子組換え生物等」に該当しない生物の取扱いについて：https://www.env.go.jp/press/106439.html
・SIP：https://www8.cao.go.jp/cstp/gaiyo/sip/
・山根逸郎、PRRS感染による経済的な被害、日本豚病研究会報、61号、1-4 (2013)

第7章
・Doudna JA. The promise and challenge of therapeutic genome editing. Nature, 578 (7794): 229-236 (2020)
・『週刊医学のあゆみ　特集「ゲノム編集の未来」』（山本卓企画）医歯薬出版
・HLA遺伝子の改変による免疫拒絶の回避：Xu H, Wang B, Ono M, Kagita A, Fujii K, Sasakawa N, Ueda T, Gee P, Nishikawa M, Nomura M, Kitaoka F, Takahashi T, Okita K, Yoshida Y, Kaneko S, Hotta A. Targeted disruption of HLA genes via CRISPR-Cas9 generates iPSCs with enhanced immune compatibility. Cell Stem Cell, 24 (4): 566-578.e7 (2019)
・核酸医薬品に関する総説：井上貴雄、核酸医薬品の開発動向と規制整備の現状、PHARM TECH JAPAN, Vol. 35, No. 13, 7-19 (2019)
・筋ジストロフィー患者由来iPS細胞でのゲノム編集：Li HL, Fujimoto N, Sasakawa N, Shirai S, Ohkame T, Sakuma T, Tanaka M, Amano N, Watanabe A, Sakurai H, Yamamoto T, Yamanaka S, Hotta A. Precise correction of the dystrophin gene in duchenne muscular dystrophy patient induced pluripotent stem cells by TALEN and CRISPR-Cas9. Stem Cell Reports, 4 (1): 143-154 (2015)
・『ゲノム編集の基本原理と応用』（山本卓）裳華房

参考文献

ホームページのURLは本書刊行直前（2020年７月）に確認したものです。変更されたり、アクセスできなくなる可能性もありますので、御了承ください。

第１章

・『キャンベル生物学　原書11版』（日本語）丸善出版
・『ゲノム編集の基本原理と応用』（山本卓）裳華房
・『絵でわかるゲノム・遺伝子・DNA』（中込弥男）講談社
・『細胞の分子生物学　第５版』ニュートンプレス

第２章

・FAO／IAEAデータベース：https://mvd.iaea.org/
・NS遺伝子研究室-遺伝子の部屋：http://nsgene-lab.jp/gene_main/
・『細胞の分子生物学　第５版』ニュートンプレス
・『ワトソン 組換えDNAの分子生物学 第３版』丸善
・『ゲノム編集入門』（山本卓編著）裳華房

第３章

・ZFNを初めて報告した論文：Kim YG, Cha J, Chandrasegaran S. Hybrid restriction enzymes: zinc finger fusions to Fok I cleavage domain. Proc Natl Acad Sci USA, 93 (3): 1156-1160 (1996)
・ターレンを初めて報告した論文：Christian M, Cermak T, Doyle EL, Schmidt C, Zhang F, Hummel A, Bogdanove AJ, Voytas DF. Targeting DNA Double-Strand Breaks with TAL Effector Nucleases. Genetics, 186 (2): 757-761 (2010)
・CRISPR-Cas9を初めて報告した論文：Jinek M, Chylinski K, Fonfara I, Hauer M, Doudna JA, Charpentier E. A programmable dual-RNA-guided DNA endonuclease in adaptive bacterial immunity. Science, 337 (6096): 816-821 (2012)
・Gasiunas G, Barrangou R, Horvath P, Siksnys V. Cas9-crRNA ribonucleoprotein complex mediates specific DNA cleavage for adaptive immunity in bacteria. Proc Natl Acad Sci USA, 109 (39): E2579-2586 (2012)
・Nishimasu H, Shi X, Ishiguro S, Gao L, Hirano S, Okazaki S, Noda T, Abudayyeh OO, Gootenberg JS, Mori H, Oura S, Holmes B, Tanaka M, Seki M, Hirano H, Aburatani H, Ishitani R, Ikawa M, Yachie N, Zhang F, Nureki O. Engineered CRISPR-Cas9 nuclease with expanded targeting space. Science, 361 (6408): 1259-1262 (2018)
・『ゲノム編集の基本原理と応用』（山本卓）裳華房

第４章

・『ゲノム編集入門』（山本卓編著）裳華房
・ゲノム編集コンソーシアム：http://www.mls.sci.hiroshima-u.ac.jp/smg/genome_editing/index.html
・日本ゲノム編集学会：http://jsgedit.jp
・ウニでのZFNを用いた遺伝子破壊：Ochiai H, Fujita K, Suzuki K, Nishikawa M, Shibata T, Sakamoto N, Yamamoto T. Targeted mutagenesis in the sea urchin embryo using zinc-finger nucleases. Genes to Cells, 15 (8): 875-885 (2010)
・ラットでのZFNを用いた遺伝子破壊：Mashimo T, Takizawa A, Voigt B, Yoshimi K, Hiai H, Kuramoto T, Serikawa T. Generation of knockout rats with X-linked severe combined immunodeficiency (X-SCID) using zinc-finger

【な行】

【は行】

【ま行】

【や・ら・わ行】

【さ行】

【た行】

索引

【記号・数字・アルファベット】